3D DRAWING&CRAFT
TECHNIQUES OF PRODUCT DESIGN

高等教育"十二五"全国规划教材 · 中国高等院校设计专业系列教材

产品设计三维表现技法

主编：薛刚 张诗韵

王楠 林英博 高华云 编著

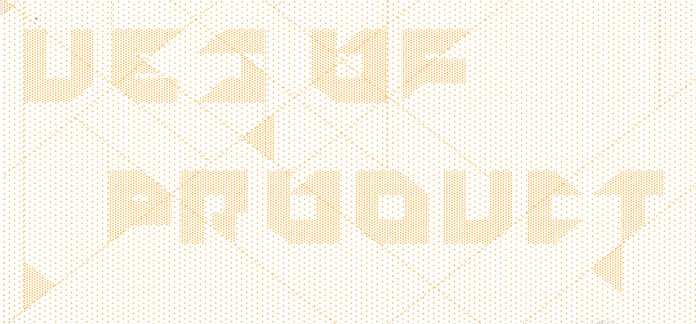

图书在版编目（CIP）数据

产品设计三维表现技法／王楠、林英博、高华云编著．——
北京：人民美术出版社，2011.3 （2012.9 重印）
ISBN 978-7-102-05483-4

Ⅰ．①产⋯ Ⅱ．①王⋯ ②林⋯ ③高⋯ Ⅲ．①三维－工
业产品－计算机辅助设计 Ⅳ．① TB472-39

中国版本图书馆 CIP 数据核字 (2011) 第 022741 号

高等教育"十二五"全国规划教材
中国高等院校设计专业系列教材

产品设计三维表现技法

主　　编：薛　刚　张诗韵
编　　著：王　楠　林英博　高华云
编辑出版：人民美術出版社
地　　址：北京北总布胡同 32 号 邮编 100735
网　　址：www.renmei.com.cn
电　　话：设计艺术编辑室：(010)65122584
　　　　　　发 行 部：(010)65252847 邮购部：(010)65229381

责任编辑：吉　祥
责任校对：马晓婷　文　娅
装帧设计：张子健
责任印制：赵　丹
制版印刷：影天印业有限公司
经　　销：新华书店总店北京发行所
版　　次：2011 年 6 月第 1 版　2012 年 9 月第 2 次印刷
开　　本：889 毫米 ×1194 毫米　1/16　印张：9.5
印　　数：2001-4000
ISBN 978-7-102-05483-4
定　　价：44.00 元

总 序

肇始于20世纪初的五四新文化运动，在中国教育界积极引入西方先进的思想体系，形成现代的教育理念。这次运动涉及范围之广，不仅撼动了中国文化的基石——语言文字的基础，引起汉语拼音和简化字的变革，而且对于中国传统艺术教育和创作都带来极大的冲击。刘海粟、徐悲鸿、林风眠等一批文化艺术改革的先驱者通过引入西法，并以自身的艺术实践力图变革中国传统艺术，致使中国画坛创作的题材、流派以及艺术教育模式均发生了巨大的变革。

新中国的艺术教育最初完全建立在苏联模式基础上，它的优点在于有了系统的教学体系、完备的教育理念和专门培养艺术创作人才的专业教材，在中国艺术教育史上第一次形成全国统一、规范、规模化的人才培养机制，但它的不足，也在于仍然固守学院式专业教育。

国家改革开放以来，中国的艺术教育再一次面临新的变革，随着文化产业的日趋繁荣，艺术教育不只针对专业创作人员，培养专业画家，更多地是培养具有一定艺术素养的应用型人才。就像传统的耳提面命、师授徒习、私塾式的教育模式无法适应大规模产业化人才培养的需要一样，多年一贯制的学院式人才培养模式同样制约了创意产业发展的广度与深度，这其中，艺术教育教材的创新不足与规模过小的问题尤显突出，艺术教育教材的同质化、地域化现状远远滞后于艺术与设计教育市场迅速增长的需求，越来越影响艺术教育的健康发展。

人民美术出版社，作为新中国成立后第一个国家级美术专业出版机构，近年来顺应时代的要求，在广泛调研的基础上，聚集了全国各地艺术院校的专家学者，共同组建了艺术教育专家委员会，力图打造一批新型的具有系统性、实用性、前瞻性、示范性的艺术教育教材。内容涵盖传统的造型艺术、艺术设计以及新兴的动漫、游戏、新媒体等学科，而且从理论到实践全面辐射艺术与设计的各个领域与层面。

这批教材的作者均为一线教师，他们中很多人不仅是长期从事艺术教育的专家、教授、院系领导，而且多年坚持艺术与设计实践不辍，他们既是教育家，也是艺术家、设计家，这样深厚的专业基础为本套教材的撰写一变传统教材的纸上谈兵，提供了更加丰富全面的资讯、更加高屋建瓴的教学理念，使艺术与设计实践更加契合的经验——本套教材也因此呈现出不同寻常的活力。

希望本套教材的出版能够适应新时代的需求，推动国内艺术教育的变革，促使学院式教学与科研得以跃进式的发展，并且以此为国家催生、储备新型的人才群体——我们将努力打造符合国家"十二五"教育发展纲要的精品示范性教材，这项工作是长期的，也是人民美术出版社的出版宗旨所追求的。

谨以此序感谢所有与人民美术出版社共同努力的艺术教育工作者！

中国美术出版总社
人民美术出版社　社长

目录

第一章
形态造型三维表现基础理论

●内容概述
1. 无所不能
二维与三维表达
2. 虚实之间
R3D&V3D 造型
3. 前沿动态
V3D 的发展动态

●教学重点
二维与三维之间的关系

●学习难点
R3D 与 V3D 之间的转换，
视知觉与触知觉的关系

●学时计划
课内合计学时：4 学时
（理论 2 学时，实验 2 学时）
课外研修学时：10~20 学时

第一节
无所不能——二维与三维表达

我们生活在真实的世界中，我们所见、所闻、所触的多是真实而立体的事物。这些事物形态中包括自然形态、抽象形态，还有人造形态。自然界中的事物形态变化万千，呈现多种样态，这些样态都是设计的转化来源。设计作品，多是立体的、三维的，所以，三维表达的作用是不可忽视的。在产品设计中，产品造型的三维表达更是表达的重要内容。

三维物体不仅包括产品设计，还可以扩展到其他方式和造物设计的专业：例如环艺、雕塑、服装设计等专业，甚至包括视觉传达、包装设计等等都需要立体的造型设计，所以了解三维立体方面的知识是非常必要的。产品设计的外观造型是产品设计相当重要的工作内容之一，然而，设计出美观的产品造型依靠的不仅仅是绚丽的效果图表达，还需要图纸、草模型、比例模型、外观模型等表现。由此，造型仅仅依靠前期概念设计的草图设计、前期的三视图或六视图是不够的。造型设计必须要经过三维立体的多次的试验和验证过程，达到相关的设计要求后，才能得到最终的造型设计结果。

在一个设计师成长的过程中，从对物体的模糊认识开始，到经过科学的系统的形态学习，再到可以进行有效的，创造性的建立三维立体形态，最终可以通过科学的分析及利用三维造型为设计服务，这是个漫长的，循序渐进的认识过程。在这个过程中需要对立

三维的艺术构成造型

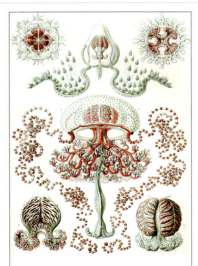

自然形态的记录

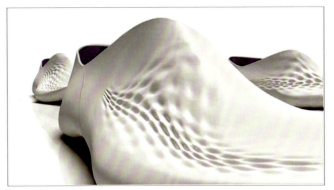

产品形态的三维造型

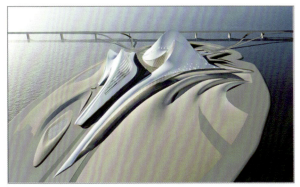

建筑形态的三维造型

体形态各种特性进行深入了解，包括体积感、触觉（包括视觉触觉和肢体触觉）、材质特性、造型表面处理、造型的功能与结构、造型的完善，记录与运用包括多媒体影像记录，最终才可以熟练地运用造型的方法和技巧进行设计。在深入了解后，充分运用各种方法，（其中包括了解立体造型的构成要素、立体造型的成型原理、立体造型的形成过程与方法步骤。）来完成造型设计。

在设计的过程中，站在三维的角度进行思考，甚至是进行多维空间的思考与设计，在立体空间思考是三维设计中的一个重要部分。在造物与行为方式的创造设计过程中，形态不只是静态的，还有动态的，所以要考虑其他的因素。正如科斯塔罗（美国设计教育先驱）曾经说过一个三维物体或空间不可能在一张纸上被创造出来，必然是在三维空间中被创造出来的。

设计必然要经历一个过程，在这个过程中，很多因素不是立刻就被确定的。它需要经过推敲、验证、试验等步骤，有时还需结合使用快速模型，计算机辅助设计等方法相互验证。"我不同意功能可以产生审美表达这个前提。我认为，功能需要反映一个时代，而各种审美则反映人造物的形体。"科斯塔罗认为设计的焦点是从审美培养转移到解决各种审美问题。对学生进行审美的引导与培养和训练，是非常重要的。这对培养造型能力有着直接的关系。创造三维形体的方法是用三维的方法去工作，这对于要进行造型训练的同学们来说，认同用三维方法在空间中进行造型设计是非常重要与必要的，这也是造型设计训练的重要目的。

自然形态中的鸡的造型

人类模仿自然造型的人工景观装置

室内设计中的三维形态造型

功能空间的三维造型

一、视觉知觉与触觉知觉间的断裂与联系

在设计过程中，表达的部分通常都会涉及到二维与三维的表达。表现信息都是一样的：被设计的物体。只是由于表现的方式不同，所以效果也会不一样。设计（包括产品设计、室内设计、雕塑、服装等造物的设计）都是将概念变为现实的过程，在这个过程中，被设计的物体本来是不存在的，是通过设计师的表达将其思维中的物体进行物化，也就是我们看到的被设计出来的作品。成熟的设计师都会通过科学的学习与训练，完成思维中物体形态变为现实物体的过程。在这个过程中，使用二维和三维的表达手段都是可以的，有的喜爱以实物形式进行琢磨，有的喜爱在纸上进行推敲。他们都是将脑海中的模糊物体转变成现实中的清晰的物体，由此可以看出二维与三维表达的目的是相同的，仅在某些方面有些许的区别，这要从人的视觉知觉与触觉知觉的关系说起。

正常人的视觉知觉和触觉知觉之所以会统一于同一个对象物体，不只是物体本身的属性，还依赖于两者之间存在的联系。

我们的知觉都是相对独立的，这些知觉之间本来是没有直接联系的，只有在这些知觉统一在一个物体上的时候，才会在他们之间建立联系，所以感官经验是被经验加工过的判断经验。

视觉知觉 ≠ 触觉知觉（贝克莱）

视知觉与触知觉没有必然联系：

一个天生视觉缺失的人，告诉他球体的概念，并且使他通过触觉感受球体。如果这个人恢复视力，在没有接触物体的情况下，通过视觉远距离从球体和锥体进行选择，最终这个实验的结果将是这个人在没有触觉帮助的情况下是无法分辨出球体和锥体的差别。这就是意识形态和视觉知觉没有产生关联的结果。在中国也曾经有《瞎子摸象》的故事说明这种情况。同样的，视知觉与听知觉没有必然联系。我们平常生活中打电话，如果你没有见过一个人，但是由于某种原因（例如工作原因），与这个人长时间地电话沟通接触，时间长了就会感觉两个人之间很熟悉，但是，当你在大街上和这个人碰到，如果没有声音接触，你就不会认出你的"好朋友"，这正是因为听觉知觉和视觉知觉没有产生联系。

所以无论是使用二维的表达方式还是三维的表达方式都必须经过学习和训练，将视觉物体与触觉知觉进行联系与统一才能在二维与三维中表达设计。

▌知识扩展

《瞎子摸象》：

《瞎子摸象》出自《大般涅□经》：有王告大臣，汝牵一象来示盲者，时众盲各以手触。大王唤众盲问之，汝见象类何物？触其牙者言象形如萝菔根，触其耳者言如箕，触其脚者言如臼，触其脊者言如麻，触其腹者言如瓮，触其尾者言如麻。

贝克莱：

英国主观唯心主义哲学家、主教。贝克莱对于心理学的贡献，主要是他的《视觉新论》。经验断定来自视觉、肤觉的客体、方位、大小和形状。这本书主要企图证明人们的视觉经由什么途径来知觉客体的距离、体积和位置，并探讨视觉的观念和肤觉的观念有什么差异，是否有共同的观念。他认为由空间知觉来判断距离的远近和物体的大小，全凭人们的知觉经验。物体投射到眼睛视网膜的视象受方位、空气透视和相对大小的影响，这已是人所共知的常识。还提出眼的复合作用，眼的投射域和眼的调节作用（紧张度）。这些都符合现代眼科生理的事实。

二、视觉难以判断空间的深度

（一）我们的视网膜只能把物体成像为二维图像。人们感觉出来的距离只不过是从眼睛到物体之间假想的一条直线，直线的长度就是我们所说的距离。这条直线并不是平行于视平面直接呈现的，是有透视变化的，我们看到空间的长度，并不能直接反映问题，我们只能够借助某些和距离相关的、不是必然的，但是有效的经验来判断距离。我们会被视觉欺骗，所以不能只靠经验将二维表现等同于所感知的物体，而要从多角度进行判断。

（二）以空间和可以塑造的实体或者模型研究三维形态。虽然二维表达被视为设计过程中创造造型的重要的手段，并且是有效的快捷的手段，但在这种快速的创建过程中，会被过程中的一些隐藏的问题掩盖掉，这个就是单角度图片与视觉深度的误差，这些问题在设计过程中一开始的时候就是被忽略或者未被察觉的。当一幅漂亮的手绘图放在我们面前的时候，我们会被它漂亮的轮廓、绚丽的色彩和材质的表现等所吸引，但是有时完全遵从前期的概念草图（尤其是初期手绘图），进行造型深入创建后，会发现这些造型没有当时看效果图时那样震撼，这是什么原因造成的呢？原因就在于在后面的设计过程中，设计者没有按照三维的思维方式进行思考，只是一味地按照二维的思路进行转化，没有从空间的角度审视造型，没有在空间中对物体进行再设计，结果导致了形态多样性的丧失。在二维表达中，尤其是曲面体，通常只会表现出造型的轮廓，对于造型表面细节，只能估计。

（三）通常在设计过程中，三维造型说明问题的能力远大于二维图形的说明能力，并不是所有的造型都可以很容易地用二维表现技法（俗称手绘）表现出来。图纸也只是表达单个方向的效果，并不能表现出物体的全貌。绘制多张效果图只为表现一个物体形态，即 N=1（N views=one object），但是利用三维表现手段制作一个物体，就可以从多角度进行参量，进行设计调整，即 1=N（one object=N views）。在日常的设计过程中，若将二者进行相互转换，则可能会取得更好的设计结果。那么从二维多视图转化成一个实际的三维物体，再从多角度验证二维的物体。在设计的过程中一般需要进行二维的设计，把想法，思考的结果用二维的方式记录下来，进行推敲，再把已经获得的二维图像转化为三维物体，就是 1=N=1。

| 模仿观察城市角度的模型 | 室内空间的透视图片 |

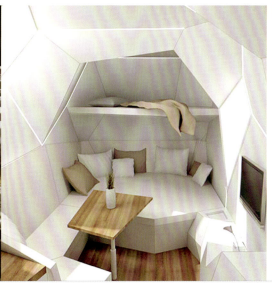

通过总结二维与三维表达的关系可以得到一个结论：二维表达和三维表达拥有共同的表达目的，所以，物体的二维表达和三维表达是可以相互转化的。对于同一个物体，可以将多个角度的视图，经过合理、合适的方法将其转化，制作成为三维物体，再反过来验证该物体二维表达的准确性。

二维与三维表达手段的不同偏重与差别

		二维 2D	三维 3D	
			真实三维	虚拟三维
视觉感官体验	优点	直接有效，可以表现物体的造型特征，但只能从单个角度表现，通常要表现一个物体，会选择多个角度进行多次表现。	表现效果直接、有效，可直接进行空间研究。	表现效果完美，可以虚拟各种环境、光线和材质。
	缺点	对曲面微妙、造型复杂的造型表现起来比较吃力，有可能会产生视觉误差。	受加工材料和工具与加工工艺的限制。	受软件的技术条件的限制。
耗费时间		时间短	时间长	时间适中
知觉感官体验		无触觉	有触觉	无触觉但是可以转化为实体产生触觉。
修正难度		纸面绘制需要重新绘制，计算机软件制作，修改容易	修改较麻烦，直接修改模型。	修改容易，可以直接调节参数修改造型，或者重新建模。
对空间要求		低。需要工作平面，需要电脑设备，需要专业软件。	高。需要空间很大，需要相应的工具和材料。	很低。电脑设备、专业软件。
经济耗费		低 如果使用电脑则需要设备与软件的费用。	高 需要材料、设备工具、场地。	高 需要电脑设备，需要软件，可反复使用。

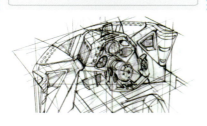  

在学习阶段，通过学习三维表达可以达到两种目的：学习目的与设计目的

1．学习目的：

验证对物体的理解（形体特征），了解物体二维表达与三维表达的相互转化。

在学生没有建立立体思维形态与实物形态相关联的情况下，可以进行以下训练。

（1）选择一张或几张实物图片；

（2）以想象进行多角度的手绘练习；

（3）将物体以视图的方式进行二维表达；

（4）将二维表达的物体制作成实物或使用计算机软件制成电脑三维模型文件。

（5）将制作出来的物体与之前选择的图片进行比较，找出差距。

2．设计目的：

验证出造型设计的视觉感受和触觉感受。

在造型设计的过程中建立起来的二维与三维转化的能力，这一个阶段是将模糊造型进行清晰明确的物化过程的训练，步骤如下：

（1）在思维中进行造型创造；

（2）将造型在纸上进行多角度记录；

（3）通过合理的方法将物体制作出来；

（4）将最初思维中的造型与实际制作出的造型进行比较，指出差别；

（5）将思维中的造型假想进行实物的触觉体验。

经过针对上述两个目的的训练，可以将意识形态与真实物体联系起来，增强视觉物化的能力，将想象中多角度表现物体与真实物体多角度表现进行过渡训练，在这个过程中需要进行有针对性的学习和练习，以提高学生的造型能力。

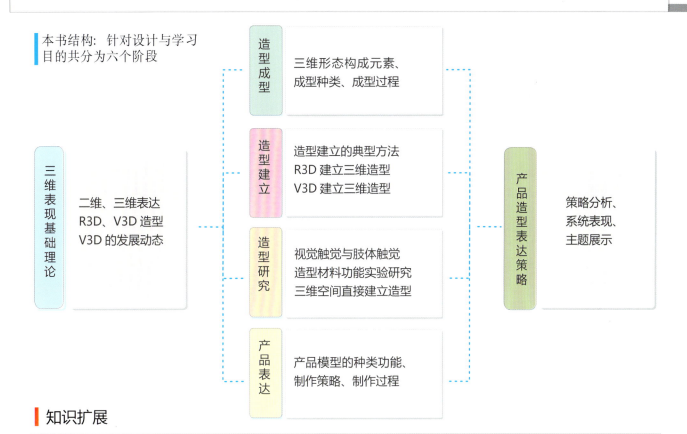

本书结构：针对设计与学习目的共分为六个阶段

三维表现基础理论 — 二维、三维表达 R3D、V3D 造型 V3D 的发展动态

造型成型 — 三维形态构成元素、成型种类、成型过程

造型建立 — 造型建立的典型方法 R3D 建立三维造型 V3D 建立三维造型

造型研究 — 视觉触觉与肢体触觉 造型材料功能实验研究 三维空间直接建立造型

产品表达 — 产品模型的种类功能、制作策略、制作过程

产品造型表达策略 — 策略分析、系统表现、主题展示

■ 知识扩展

针对物化的概念，本书中"物化"指的是将思维中或者二维图片中的物体在真实空间中制作出来，但是"视觉物化"所指的是物化更加强调视觉效果，不仅仅是以仿真、写实为目的，还需要以再设计为手段，将"物化"物品附加视觉美感，属于再设计的范畴。

第二节
虚实之间——R3D 与 V3D 造型

一、R3D 与 V3D 的定义

真实空间三维物体: truespace or real 3D 指的是我们生活的真实时空内, 所有物质的总称, 是建立在具有空间和时间的意识之中。简称为 R3D。

虚拟空间三维物体: virtual space or virtual 3D 指的是虚拟三维空间, 这里主要指视觉所呈现的三维空间, 主要的就是使用数字技术手段, 模拟显示的三维空间。简称为 V3D。

R3D 与 V3D 之间的特点对比

	物质基础	空间概念	表现手段	操作难度	转化方式
R3D	真实材料 真实工具 真实空间	真实尺寸（受材料属性、工具尺寸、场所空间限制）	依靠真实灯光、材料、环境等表现物体	简单, 受技术、材料、工具等限制	依靠三维扫描设备将 R3D 转化为 V3D
V3D	计算机设备 三维软件 显示系统	虚拟三维不受任何限制, 可随意缩放, 但显示受一定限制	依靠虚拟灯光、环境等表现物体	受计算机运算速度和软件操作难度限制	依靠三维成型设备将 V3D 转化为 R3D

知识扩展

笛卡尔体系的三维构成理论基础:

三维物体属于抽象概念、不遵从于实际物品。所谓三维, 按大众理论来讲, 只是人为规定的相互交错的三个方向, 用这个三维坐标, 看起来可以把整个世界任意一点的位置确定下来。三维既是坐标轴的三个轴向, 即 x 轴、y 轴、z 轴, 其中 x 表示左右空间, y 轴表示上下空间, z 轴表示前后空间, 这样就形成了人的视觉立体感。

在坐标中, 首先确定的是原点, 其他的位置属性都是由此点延伸的。

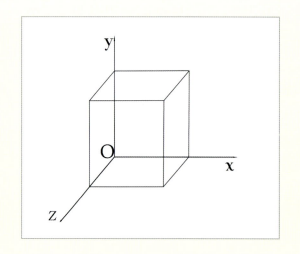

二、R3D 与 V3D 的关系

R3D 与 V3D 的关系在前面的表格中可以清楚地看到，三维物体在不同的空间内所遵从的造型标准是相同的，它们的属性（空间概念属性）相同，具有相互转化的基础，由此可以说 R3D 与 V3D 虽相互独立存在，但是在一定的技术、物质条件下，真实空间三维物体与虚拟空间三维物体可以相互转化。在转换的过程中有下面几种情况：

（一）V—R　　（V3D-R3D）

（二）R—V　　（R3D-V3D）

（三）R—V—R　（R3D-V3D-R3D）

（四）V—R—V　（V3D-R3D-V3D）

前两种转化方式只是单纯的转化，将两种空间的物体相互转化，第三种和第四种情况就是属于验证与调整阶段。

R—V—R 先把物体在真实空间内建立，再由特定设备转化为虚拟空间的三维物体，成为数字模型，将其在虚拟空间中进行修改与调整。经过调整后，再通过特定设备在现实空间中制作出来。其最终的所属空间没有发生改变。

V—R—V 把虚拟的物体，通过成型技术在真实空间中制作出来，进行实际操作和验证，进行必要的修正和调整。最终再使用特定设备，将其在虚拟空间内重建。

电脑建立的三维模型，旨在研究汽车造型设计。

由左图三维模型制作出来的实体模型。

构想"未来城市"的城市规划设计，使用三维成型技术进行城市空间的模拟和还原，以便进行城市设计规划研究。

三、R3D 与 V3D 之间的转化

在实现虚拟空间的物体与真实空间的物体转化的时候，需要借助特定的技术和设备。随着技术的进步，这种设备已经进入到了市场使用阶段。这些设备都是属于数字设备，功能作用有两种。一是将实际物体数字化的设备（三维扫描仪），作用是将真实空间中的物体转化为虚拟空间的物体。二是将数字物体实物化的设备（三维成型机）。作用是将虚拟空间的物体转化为真实空间的物体。

（一）输入设备：三维扫描仪

在许多领域内，如面形检测、实物仿形、自动加工、生物医学等，物体的三维信息是必不可少的，需要迅速获取物体的立体彩色信息并将其转化为计算机能直接处理的三维数字模型。三维扫描仪就是实现三维信息数字化的一种很有效的工具。在国外大部分工业化较发达国家，此类设备一般应用于三维检测与逆向工程、优化设计等领域中。三维扫描仪分两种类型：接触类三维扫描仪与非接触类三维扫描仪。

现在非接触的光电方法对曲面的三维形貌进行快速测量已成为一种趋势。非接触式测量，避免了接触测量中需要对测头半径加以补偿所带来的麻烦，而且

| 三维扫描仪扫描后的电子文件 | 不同类型的三维扫描仪 | 三维成型机及加工工件 |

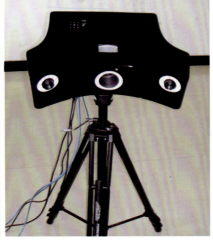
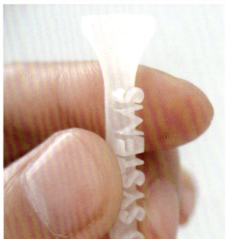

对物体表面无伤害，可以实现对各类表面进行高速三维扫描。非接触式扫描分两种，光栅式与拍照式。

尤其照相式三维扫描仪则采用面光，速度更是达到几秒钟百万个测量点，应用于实时扫描、工业检测具有很好的优势。

打造出任意形状。它可以自动、快速、直接和精确地将计算机中的设计转化为模型，甚至直接制造零件或模具，从而有效地缩短产品研发周期、提高产品质量并缩减生产成本。

（二）输出设备：三维成型机

三维成型机属于一种快速成型（Rapid prototyping）技术，三维成型机有时也被称为快速成型机，是一种由 CAD（计算机辅助设计）数据通过成型设备以材料累加的方式制成实物模型的技术。这一成型过程不再需要传统的刀具、夹具和机床就可以

虚拟效果图、三维成型机制作的模型零件和零件组装后的效果。

三维成型机制作的模型完成后演示效果。

三维成型机制作的模型零件和零件拆分效果。

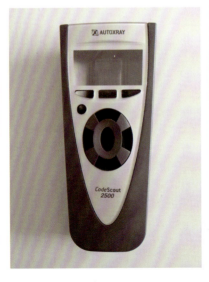

三维成型机制作的模型零件着色后效果。

第三节
前沿动态——V3D 的发展动态

V3D 虽然是处于虚拟的空间中，但是其物质基础依然处于真实的空中，需要一种方式让设计者（或者观察者）可以清楚地看到造型的样态，所以虚拟空间的物体需要在真实空间内显示出来，并且显示的内容是两种类型，这一切都需要以人的视觉为转换枢纽。

一、虚拟显示的两种方式

模拟虚拟物体的显示方式与模拟虚拟空间的显示方式。

模拟虚拟物体的显示方式：在一定的介质下，在空间相对固定的情况下模拟出物体，使其视觉化，具有直观性，在这种情况下，观察者可以固定或移动观察，物体只在相对"固定"的空间范围内。空间的大小是固定的。这就是模拟物体虚拟显示的特点。

模拟虚拟空间的显示方式：在一定显示条件下，模拟出"空间"概念，观察者相当于从一个窗口中观察另一个空间，虚拟空间在这个空间中没有边界的限制，物体也同样没有限制，在观察的过程中，可以随意虚拟空间，甚至直接虚拟出整个空间，直接将观察者的视觉器官（眼睛）与虚拟的空间（显示装置）结合。没有显示的界限，把观察者的整个视觉面都占据。

二、虚拟显示设备的种类

"显示"分为平面三维显示、空间三维显示、互动三维显示三种方式。平面三维显示方式显示空间与物体；空间三维显示方式显示三维物体；互动三维显示方式显示三维物体。

（一）平面三维显示

平面空间虚拟（数字显示、屏幕显示）实物。

屏幕显示三维物体，就是我们平常所说的显示器。使用者可以在显示器中进行创建、修改、模拟的虚拟物体的过程。通常使用专用的软件和设备，随着技术的进步，3D 显示器也进入市场阶段。

人的双眼提供了两幅具有位差的图像，映入双眼后即形成立体视觉所需的视差，经视神经中枢的融合反射，及视觉心理反应会产生三维立体感觉。利用这个原理，通过显示器将两副具有位差的左图像和右图像分别呈现给左眼和右眼，就能获得立体的感觉。

立体显示的分类：

立体眼镜和三维显示器

头盔显示器（HMD）

还有一种显示系统：球幕系统。它真正实现了360 度超大画面展示，观众可以从球幕内部全方位地体验动感球幕影院的超强震撼感觉。

软件制作的模型文件

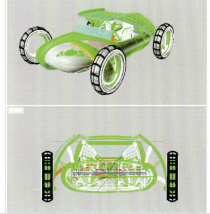
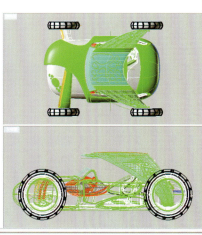

平面显示器显示的模型

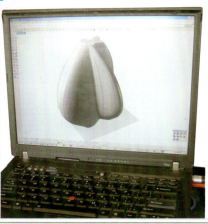

第一章 形态造型三维表现基础理论

（二）空间三维显示

介质立体现，如烟雾等，通过特定介质，在现实空间中形成虚拟实物的一种显示方式是利用虚拟实物技术运用全息技术与虚拟显示技术的手段，用数字化的方式，以水平视角360度，垂直视角180度的图像，对周围景象以几何关系进行映射生成的平面图片，通过全景播放器的矫正处理生成三维物体及景象。

▌知识扩展

360 度全息幻影成像系统

360 全息也称 360 度全息和 360 度全息成像，也被称之为三维全息影像、全息三维成像，它是由透明材料制成的四面锥体，观众的视线能从任何一面穿透它，通过表面镜射和反射，能从锥形空间里看到自由飘浮的影像和图形。四个视频发射器将光信号发射到这个锥体中的特殊棱镜上，汇集到一起后形成具有真实维度空间的立体影像。

幻影成像

幻影成像技术就是将全新的多种信息融于真实的生活场景之中。幻影成像系统是以宽银幕的环境、场景模型和灯光的变换为背景，再把拍摄的活动人像叠加进场景之中，构成了动静结合的影视画面，是利用光学错觉原理，将电影中用马赛克摄像技术所拍摄的影像（人、物）与布景箱中的主体模型景观合成。

雾幕影像

雾幕影像是使用雾化设备产生人工雾，结合空气流动学原理而制造出来的能产生平面雾气的屏幕。利用其雾化屏幕的平面特性作为光路载体，再将特制的流畅生动的媒体投射在该载体上便可以在空间中形成虚幻立体的影像，形成一种三维空间立体图像。人可以在这种空幻影像中随意穿梭，造成真人可进入视频画面的虚幻效果。

▌电子沙盘展示

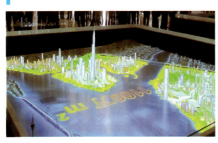

▌全息投影技术

▌球幕系统演示

▌幻影成像

▌幻想成像

▌雾幕成像

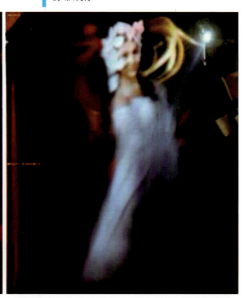

（三）互动三维显示

1. 三维仿真

也可以称为虚拟仿真、虚拟现实。利用计算机技术生成的一个逼真的，具有视、听、触、味等多种感知的虚拟环境。用户可以通过使用各种传感设备同虚拟环境中的物体相互作用的一种技术。三维实时仿真，是利用沉浸式的三维显示系统和装有传感器的手套（或衣服、头盔），在伴有虚拟的声音和感触下，使受训人员沉浸在一种非常逼真的专为训练而设置的环境中，可满足多种科目训练的需要。头盔显示器是将演练者大脑与计算机创造的虚拟世界连通的装置，主要有双目显示器和跟踪系统组成。数据手套作为连接演练者双手和大脑与计算机创造虚拟世界的装置，具有位置传感器。观察者不再只是被动地观察物体，而是变成操作者，成为模拟环境中的一个部分，与周围的环境可以互动。由高级计算机模拟。与其他模拟系统相比，它使参与者具有"身临其境"之感，并能"引导"操作。"身临其境"和"引导"功能构成了虚拟现实的交互式特性，这种相互作用是三维实时仿真的本质。

虚拟现实系统包括四大类：虚拟现实开发平台、虚拟现实显示系统、虚拟现实交互系统、虚拟现实控制系统。

其中虚拟现实控制系统链接控制着其他三个系统，共同组成了一个有机有序的整体。

虚拟现实软件已经越来越多。例如 Viewpoint、Cult3D、Virtue3D、Superscape、Virtools、EON、3DVR、MAYA、conver3D 等。

3D 眼镜

3D 眼镜看到的画面

头盔式显示器

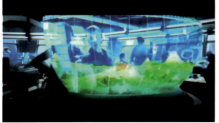

头盔式显示器

头盔式显示的图像

2. 真三维立体显示

真三维显示是一种在真实三维空间内进行图像信息再现的技术，因此又被称为空间加载显示(space-filling display)。真三维显示装置通过适当方式激发位于透明显示介质内的物质，利用可见辐射的产生、吸收或散射形成体素。当体积内许多方位的物质都被激发之后，便能形成由许多分散体素构成的三维图像，该图像浮在观察者所在的真实三维空间中，同一个真实的三维物体一样，能自动满足人类几乎所有的生理和心理深度的暗示，可多人、多角度、同时、裸眼观察，无需任何助视仪器，符合人类在视觉观察及深度感知方面的自然生理习惯。

▍最适合用三维虚拟互动技术演示的五类需求（展示）：

注重交互体验感的：	地产销售演示、城市规划演示、模拟驾驶、建筑互动漫游、游戏
注重功能演示的：	产品功能演示、施工流程演示、带数据库的功能演示
一般手段难已展示：	施工过程、碰撞演示、地下管线、灾震预案、机械内部结构
抽象、不直观的：	基因试验、科学试验、数据模型、复杂结构、流程变化、化学、医学
当前不存在的：	古迹复原、文物数字化、军事模拟、土地开发、未来重要规划

思考与训练

思考题：

1. 三维表达的作用及其与二维表达的优缺点进行对比？

2. 在何种情况下，三维表达比二维表达快速并且有效？

3. V3D 与 R3D 的相互转化是如何实现的，其实现对于设计的作用和积极意义是什么？

第二章 形态造型的成型原理

●内容概述
1. 四大元素
三维形态构成元素
空间中的点、线、面、体
2. 纸上谈兵
三维形态造型成型种类
基础、复杂、高级、模糊形态造型
3. 形态历程
三维形态造型成型过程
演变成型过程与推导成型过程

●教学重点
空间中的点 线 面 体
三维造型的成型过程

●学习难点
三维造型的成型过程

●学时计划
课内合计学时：16 学时
（理论 8 学时，实验 8 学时）
课外研修学时：20~40 学时

第一节
四大元素——三维形态构成元素

本节从构成造型的元素：点、线、面、体进行逐步讲解，把物体构成的要素讲解清楚。针对四种要素需要掌握的知识要点进行深入讲解。让读者能够清楚明白地理解、掌握立体造型的构成要素。对于本节中所讲的点、线、面、体不仅仅限于二维的空间，而是延伸到三维空间，是三维空间中的点、线、面、体。这个与以前学过的知识有所区别。

一、空间中的点

点本身没有大小、方向，只具有位置的空间属性。

现实空间（三维空间）中的点与二维空间不同的是，在空间中的点所具有三个位置参数。如空间中的点 A（X=100，Y=117，Z=12）。因为数据量会增加，所以二维向三维的转化过程必须事先在头脑中有清晰的概念，在空间转换时才能应运自如。

二、空间的线

线具有位置、长度与方向的空间属性。

曲线在数学中定义为点移动的轨迹。当点移动的方式是有规律时，可以用方程式来描述曲线。曲线可以分为平面曲线和空间曲线。空间中的线不同于平面中的线，描述的方式可以用不同的方式，所以在描述的时候就可以用到不同的坐标系进行曲线的描述。

▌知识扩展

空间中的不同的坐标系

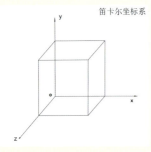
笛卡尔坐标系

极坐标系

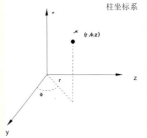
柱坐标系

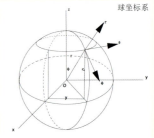
球坐标系

直角坐标系（笛卡尔坐标系）
直角坐标系和斜角坐标系的统称。相交于原点的两条数轴，构成了平面放射坐标系。如两条数轴上的度量单位相等，则称此放射坐标系为笛卡尔坐标系。两条数轴互相垂直的笛卡尔坐标系，称为笛卡尔直角坐标系，否则称为笛卡尔斜角坐标系。笛卡尔坐标，表示点在空间中的位置，但却和直角坐标有区别，两种坐标可以相互转换。

极坐标系
在平面内由极点、极轴和极径组成的坐标系。在平面上取定一点 O，称为极点。从 O 出发引一条射线 Ox，称为极轴。再取定一个长度单位，通常规定角度取逆时针方向为正。这样，平面上任一点 P 的位置就可以用线段 OP 的长度 ρ 以及从 Ox 到 OP 的角度 θ 来确定，有序数对（ρ，θ）就称为 P 点的极坐标，记为 P（ρ，θ）；ρ 称为 P 点的极径，θ 称为 P 点的极角。

柱坐标系（圆柱坐标系）
柱坐标系中的三个坐标变量是 r、ϕ、z。与直角坐标系相同，柱坐标系中也有一个 z 变量。

球坐标系
球坐标系是一种三维坐标，分别由原点、方位角、仰角、距离构成。球坐标系在地理学、天文学中有着广泛应用。在测量实践中，球坐标中的 θ 角称为被测点 P（r，θ，ϕ）的方位角，90°－θ 成为高低角。

（一）曲线的类型概括

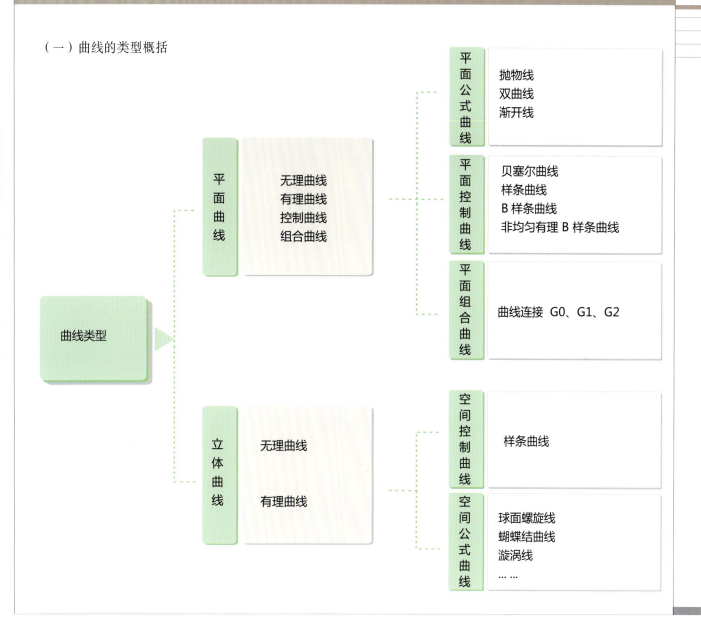

知识扩展

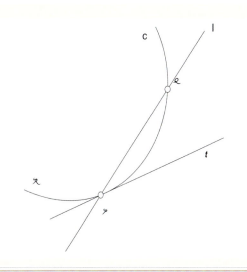

在讲解曲线的时候需要了解几个定义：
曲线的切线、切点、法线、曲率。

　　切线：切线是一条刚好触碰到曲线上某一点的直线。当切线经过曲线上的某点（即切点）时，切线的方向与曲线上该点的方向是相同的，此时，"切线在切点附近的部分"最接近"曲线在切点附近的部分"（无限逼近思想）。

　　切点：切点是切线与曲线的交点。

　　法线：法线是过曲线上一点而且和曲线在这一点的切线垂直的直线，或过曲面上一点而且曲面在这一点的切平面垂直的直线。

　　曲率：曲率是描述曲线弯曲程度的量。曲率愈大，表示曲线的弯曲程度愈大。

（二）典型的公式定义曲线

正弦曲线	螺旋曲线	椭圆曲线	梅花曲线
笛卡尔坐标系 $x=50 \cdot t$ $y=10 \cdot \sin(t \cdot 360)$ $z=0$	柱坐标 $x = 100 \cdot t \cdot \cos[t \cdot (5 \cdot 180)]$ $y = 100 \cdot t \cdot \sin[t \cdot (5 \cdot 180)]$ $z = 0$	笛卡尔坐标系 $a = 10$ $b = 20$ $theta = t \cdot 360$ $x = a \cdot \cos(theta)$ $y = b \cdot \sin(theta)$	柱坐标 $theta = t \cdot 360$ $r=10+(3 \cdot \sin(theta \cdot 2.5))^2$

渐开线	阿基米德螺线	对数螺线	双曲余弦
采用笛卡尔坐标系 $r=1$, $ang=360 \cdot t$ $s=2 \cdot pi \cdot r \cdot t$ $x0=s \cdot \cos(ang)$ $y0=s \cdot \sin(ang)$ $x=x0+s \cdot \sin(ang)$ $y=y0-s \cdot \cos(ang)$ $z=0$	柱坐标 $a=100$ $theta=t \cdot 400$ $r = a \cdot theta$	柱坐标 $theta =t \cdot 360 \cdot 2.2$ $a = 0.005$ $r = \exp(a \cdot theta)$	笛卡尔坐标系 $x = 6 \cdot t-3$ $y =[\exp(x)+\exp(0-x)]/2$

螺旋线	螺旋上升曲线	螺旋线	球面螺旋线
笛卡尔坐标 x = 4 · cos [t ·(5·360)] y = 4 · sin [t ·(5·360)] z = 10*t	圆柱坐标方程 r=t^10 theta= t^3·360·6·3+t^3·360·3·3 z=t^3·(t+1)	圆柱坐标 r=t theta=10+t·(20·360) z=t·3	采用球坐标系方程 rho=4 theta=t·180 phi·t·360·20

漩涡线	太阳线	双鱼曲线	蝴蝶结曲线
球坐标 rho=t·20^2 theta=t·log(30)·60 phi=t·7200	球坐标系 r=1.5·cos(50·theta)+1 theta=t·360 z=0	球坐标系 rho=30+10·sin(t·360·10) theta=t·180·cos(t·360·10) phi·t·360·30	笛卡尔坐标系 x=200·t·sin(t·3600) y=250·t·cos(t·3600) z=300·t·sin(t·1800)

（三）可编辑控制曲线

1. 贝塞尔曲线

贝塞尔曲线是绘制图形运用得较多的基本线条之一。它通过控制曲线上的点（起始点、终止点以及相互分离的中间点）来创造、编辑曲线图形。其中起重要作用的是位于曲线中央的控制线。这条线是虚拟的，中间与贝塞尔曲线交叉，两端是控制端点。移动两端的端点时贝塞尔曲线改变曲线的曲率（弯曲的程度）；

移动中间点（也就是移动虚拟的控制线）时，贝塞尔曲线在起始点和终止点锁定的情况下做均匀移动。贝塞尔曲线上的所有控制点、节点均可编辑。n 阶贝塞尔曲线共有 n+1 个控点，第 0 个为起点，第 n 个为终点，有 n-1 个中间点 [1 到 (n-1)]。通常使用的是三阶贝塞尔曲线，所以有 4 个控制点、2 个中间点。

贝塞尔曲线的生成过程

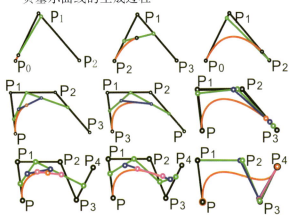
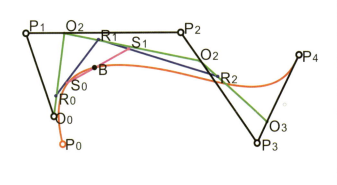

贝塞尔曲线在软件中的应用：AutoCAD、CoreDraw、FreeHand、Photoshop、Illustrator、3Dsmax、Rhino

2. 样条曲线与 B 样条曲线

样条曲线是经过一系列给定点的光滑曲线。曲线的大致形状由这些点控制，一般可分为插值样条和逼近样条两种。插值样条通常用于数字化绘图或动画的设计，逼近样条一般用来构造物体的表面。早期样条曲线是借助于物理样条得到的，放样员把富有弹性的细木条等，用压铁固定在曲线应该通过给定的型值点处，样条做自然弯曲所绘制出来的曲线就是样条曲线。样条曲线不仅通过各型值点，并且在各型值点处的一阶和二阶导数连续，该曲线具有连续的、曲率变化均匀的特点。

B 样条曲线是样条曲线一种特殊的表示形式。B 样条曲线是贝塞尔曲线的一种，是贝塞尔曲线的改进。对于 B 样条曲线的分类，其中一种方法是按节点在曲线定义域内是否均匀分布而划分为均匀与非均匀。

早期样条曲线

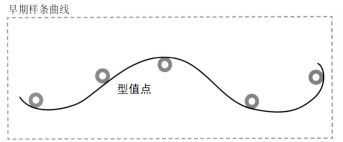

型值点

B 样条曲线

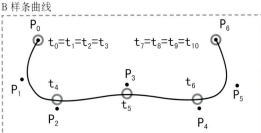

3. 非均匀有理 B 样条曲线（NURBS）

这是一种用途广泛的样条曲线，不仅用于描述自由曲线和曲面，还提供包括能精确表达圆锥曲线曲面在内的各种几何体的统一表达式。自 1983 年，SDRC 公司成功地将NURBS模型应用在它的实体造型软件中，NURBS已经成为计算机辅助设计及计算机辅助制造的几何造型基础，得到了广泛应用。

NURBS曲线有些关键要素 CV点、编辑点、节点、曲线的阶数。

（1）CV 点： 是 control point 和 contral vertex 的缩写，简称为控制点。这是数学化的概念，在实际的应用中，每个 CV 点的位置和排列的次序决定了该条曲线的样态和特征。

（2）编辑点： 一条曲线上最为直接的组成要素，直接存在于曲线上。改变编辑点就可以直接改变曲线。调整编辑点的时候对曲线的影响非常大，所以一般情况下都会调整 CV 点而不会调整编辑点。

（3）节点： 是调整曲线的重要组成要素，是曲线上曲率发生变化的位置。

（4）曲线的阶数： 根据数学方法计算一条曲线的时候通常会把 Degree 成为次方，也就是我们所说的阶数，也可以理解为曲线公式的复杂程度。

（5）曲线的权值： 曲线或曲面的权值是控制点对曲线或者曲面的牵引力。

CV 点

同一条曲线的CV点越多，曲线越精确，运算量也就越大。所以要合理地控制CV点的数量，既得到高质量的曲线又没有很大的运算量。

阶数

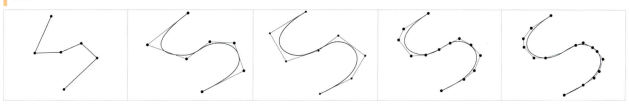

曲线的阶数越高，曲线越复杂，阶数越低，曲线就越简单。一般普通造型的时候，为达到合理与高效率的控制运算量，曲线的阶数大都控制在 3 以内。在改变曲线阶数的时候，增加曲线的阶数，曲线的形态不会发生改变，只会增加 CV 点的数量。相反的，减少曲线的阶数，则曲线的形态会发生改变，CV 点的数量会减少，曲线的质量降低。

权值

权值越高，曲线或曲面会越接近控制点。普通情况下，一条曲线在没有修改控制点权值的时候，其控制点的权值是相同的，当修改权值之后，其曲线的曲率也会发生改变（当需要把物体导出至其他程序时，一般会将权值设置为1）

节点与编辑点

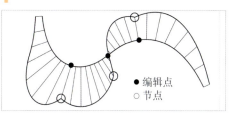

节点可以帮助判定曲线变化的程度和位置，节点就是曲率发生变化的分界点。

（四）曲线连续

　　用于描述两条曲线或曲面的连续关系的名词。一般的软件只支持 G2 以下的连续，高级一些的软件则可以支持到 G3 以上的连续。对于学生而言，G0、G1、G2 是需要掌握的，G3 以上只需要达到了解的程度就行。曲线和曲面的连接定义是有紧密关系的，所以下面图标也会将曲面连续的特点进行陈述。

连续类型	定义	效果特点	应用范围	连接阶数
G0	两个对象连接或者两个对象的位置连续	保证曲线、曲面间没有距离（间隙），完全接触	普通边角与呈现造型产生锐利的边缘，应尽量避免	无微分连续
G1	相切连续，切线连续，产生完整曲面反射	反射线连续成扭曲状，这种连续是方向的连续，没有半径连续	制作简单，成功率高，适用于一般产品，G1 连续即可，常用于民用日常品	一阶微分连续切线方向一致长度不一致3 阶曲线
G2	曲率连续两个对象的曲率是连续的	将产生横过形状边界的完整和光滑的反射纹	视觉效果好，是曲面连续追求的目标，但是这种曲面不容易制作，用于高级曲面的高级产品	二阶微分连续最少 3 阶曲线6 个 CV 点（软件要有阶数概念，否则做不出 G2 以上的曲面连续）
G3	曲率变化率连续	节点处曲率的变化率也是连续的，比 G2 更顺畅，曲率的变化可以用一个一次方程表现为一条直线	视觉效果和 G2 差别小，适合在汽车这种大面积曲面，需要完美反光效果而要求表面曲率变化非常平滑	三阶微分连续曲线至少是 7 阶曲线7 阶 8 个 CV 点
G4	曲率变化率的变化率连续	曲率的变化率开始缓慢，然后加快，再慢慢结束，计算方法更加复杂	几乎不会用在小家电一类的产品设计中，通常用于追求完美反射效果的复杂曲面	曲线至少是 9 阶曲线10 个 CV 点，如果软件中没有阶数观念，那么软件就不可能做到 G4 过渡的品质

图　　示	曲率表示

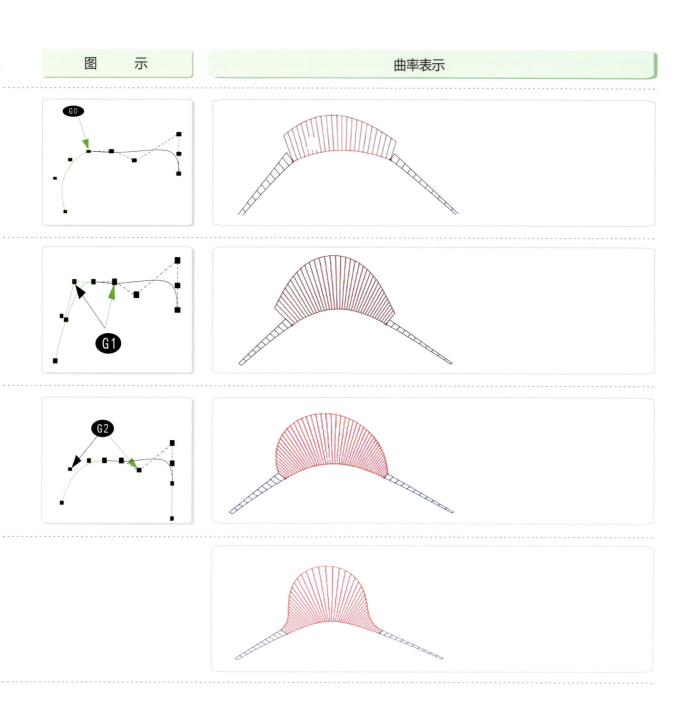

*此表中同时解释曲线和曲面的连接关系

三、空间中的面

曲面，数字的定义是曲线在空间中运动的轨迹。这里所指的面只有面积的属性，而没有体积的属性。

从空间的曲线生成曲面的过程是复杂的，大致可以分成三个类型：

（一）平　面（由处于同一平面的线围合形成的面）

（二）单曲面（由空间中的直线和曲线交叉形成的面）

（三）双曲面（由空间中曲线和曲线交叉形成的面）

（一）平面	（二）单曲面：由直线和曲线（包括开放线与闭合线）构成的面	
	挤压面（线性拉伸面）	直纹面（斜纹面）
同一平面内的直线或曲线构成的面。 1. 由多条直线构成 2. 由多条开放曲线构成 3. 由多条闭合曲线构成 4. 混合构成	曲线（开放曲线和闭合曲线）按照一个方向移动形成曲面（曲线与直线的方向是垂直方向）。曲线沿某一矢量方向拉伸一段距离而得到的曲面。这种曲面有两个特点：直线方向有平面特征，曲线方向有曲面特征。	指的是将一条直线沿曲线方向（非垂直方向）运动形成的曲面。在两曲线间，把参数值相同的点用直线段连接而成的曲面。
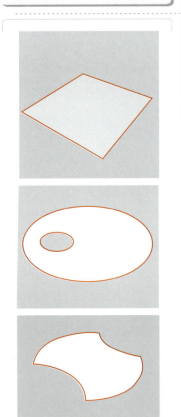	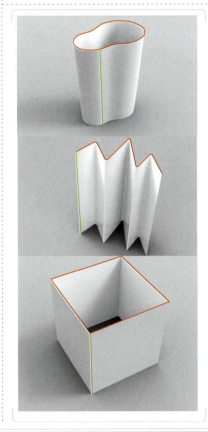	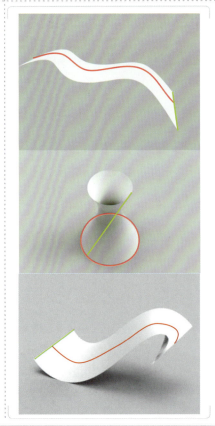

知识扩展

曲面派生曲面

等半径倒圆曲面：一定半径的圆弧段与两原始曲面相切，并沿着它们的交线方向运动而生成的圆弧型过渡面。

变半径倒圆曲面：半径值按一定的规律变化的圆弧段与两原始曲面相切，并沿交线方向运动而生成的圆弧型过渡面。

等厚度偏移曲面：与原始曲面偏移一均匀厚度值的曲面。

变厚度偏移曲面：在原始曲面的角点处，沿该点曲面法矢量方向偏移给定值而得到的曲面。

混合曲面（桥接曲面）：在两个（或多个）分离曲面的指定边界线处，生成一个以指定边界为生成曲面的边界线，与所选周围原始曲面圆滑连接的中间曲面。

延伸曲面：在曲面的指定边界线处，按曲面的原有趋势（或某一给定的矢量方向）进行给定条件的曲面扩展而生成的曲面。

修剪曲面：把原始曲面的某一部分去掉而生成的曲面。

拓扑连接曲面：有公共边界线的两个曲面进行拓扑相加后的曲面。

（三）双曲面： 由两条或两条以上曲线平行方向构成的曲面类型，不同曲线沿一个方向渐变移动行成的曲面

扫描面	回旋面	边界曲面	网格曲面
截面发生曲线沿一条、二条或多条方向控制曲线运动、变化而生成的曲面。可根据各条发生曲线与脊骨曲线的运动关系，把扫描面分为平行扫描曲面、法向扫描曲面和放射状扫描曲面。	平面曲线沿路径（包括折线）移动形成的曲面。轮廓曲线绕某一轴线旋转某一角度而生成的曲面。	由边缘曲线渐变移动形成的曲面	由一组曲线构成的曲面。根据曲线的分布规律，网格曲面由一组横向曲线和另一组与之相交的纵向曲线构成

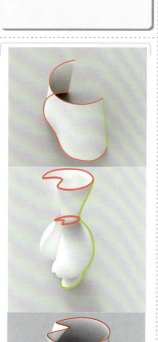

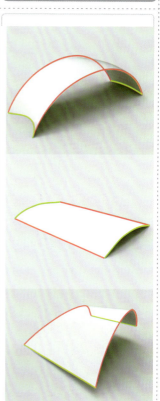

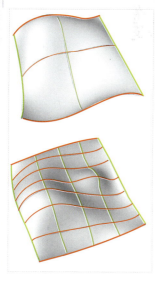

（四）曲面连接（曲线连接的表格中有关系比较见P24、25）

曲面连接包括：G0- 位置连续、G1- 切线连续、G2- 曲率连续、G3- 曲率变化率连续、G4- 曲率变化率的变化率连续。

G0 连续。两个对象相连或两个对象的位置是连续的。在每个表面上产生一次反射，曲面间没有缝隙而是完全接触。

G1 连接。两个对象光顺连续，也称为切线连续。将产生一次完整的表面反射，反射线连续但呈扭曲状，这种连续仅是方向的连续而没有半径连续。

G2 两个对象光顺连续，也称为曲率连续。将产生横过边界的完整的和光滑的反射纹。曲率连续意味着在任何曲面上的任一"点"中沿着边界有相同的曲率半径。

G3 曲率变化率连续。在接点处曲率的变化率也是连续的，这使得曲率的变化更加平滑。这种连续级别的表面有比 G2 更流畅的视觉效果。通常只用于汽车设计。

G4 曲率变化率的变化率连续"变化率的变化率"。它使曲率的变化率开始缓慢，然后加快，然后再慢慢地结束。这使得 G4 连续级别能够提供更加平滑的连续效果。只有要求极高的曲面才会用到。

曲面连接光影效果

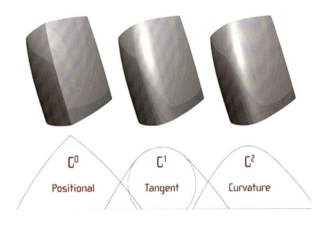

曲面连接条纹检测效果

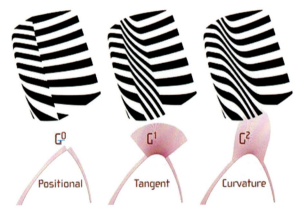

曲面检测方式

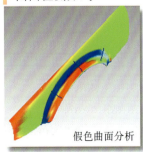

假色曲面分析

斑马线曲面分析

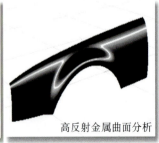

高反射金属曲面分析

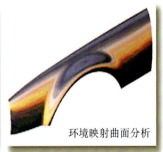

环境映射曲面分析

（五）曲面的检查与评估

构造曲面后，需要进行曲面的检查，检查曲面是否光顺、扭曲，以及曲率变化情况等，以便及时修改。检查曲面光顺的方法可对曲面进行渲染处理，通过透视、透明度和多重光源等处理手段产生高清晰度的逼真性和观察性良好的彩色图像，再根据处理后的图像光亮度的分布规律来判断出曲面的光顺度。图像明暗度变化比较均匀，则曲面光顺性好，如果图像在某区域的明暗度与其他区域相比变化较大，则曲面光顺性差。另外，可显示曲面上的等高斯曲率线，进而显示高斯曲率的彩色光栅图像，从等高斯曲率线的形状与分布、彩色光栅图像的明暗区域及变化，直观地了解曲面的光顺性情况。

通过曲面动态截面线曲率梳分析对曲面进行检查；通过曲面的U、V截面方向曲率梳分析；通过曲面平行坐标方向的截面曲率梳分析；放射状或垂直于一条曲线的截面曲率梳分析等。

在不同特征的情况下运用不同的曲率梳分析方法能很好地判断曲面之间的连续性。以下是通过曲面动态截面线曲率梳分析的各种方法：

1. 通过曲面的U、V截面方向曲率梳分析，这种方法主要应用在几个曲面在一个方向上，并且在U、V方向上有一个方向对齐的情况下。

2. 通过曲面平行坐标方向的截面曲率梳分析，这种分析方法在车身曲面曲率梳分析中运用得最多，主要分析曲面在拼接处的连续性，如车身外表面曲面X、Y、Z三个方向的截面曲率梳分析等。

3. 放射状或垂直于一条曲线的截面曲率梳分析，在需要分析曲面其他指定方向截面曲率梳时，可以使用这种分析方法。

▌V 向截面曲率梳　　　　　　　　▌V 向截面曲率梳

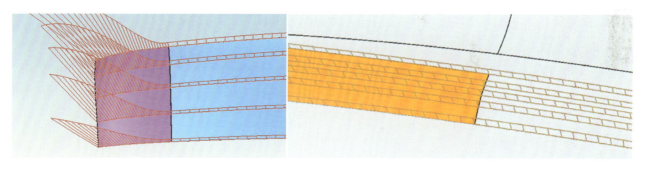

▌U 向截面曲率梳　　　　　　　　▌U 向截面曲率梳

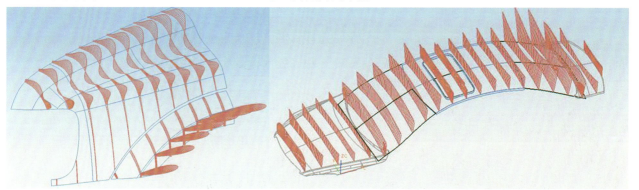

四、空间中的体

空间中体的概念比较简单，就是占据空间的体积的物体。有两种情况：一种是实体；一种是表面体。在真实空间中指的是实体是内部匀质材质的物体，而表面体是指类似于外壳等的壳体。在虚拟空间中，实体指的是一般在工程软件中建立的实体模型例如 Pro/E 和 UG 等。表面体指的是在展示软件中由若干空间曲面组成的闭合的曲面体，例如 3Dsmax 和 Rhino。

体的形成过程实际也就是造型形成的过程。这里只是简单介绍一下体的种类，具体的形成过程将在造型的种类中进行详尽介绍。

基本形成造型体：包括拉伸体、旋转体、扫描体、等厚体、缝合体、倒圆体、倒角体。

工艺特征形体：包括凸台、凹腔、孔、键槽、螺纹、筋等。

拓扑操作对体进行并、交、差布尔运算及用曲面片体修剪体而生成新的实体。

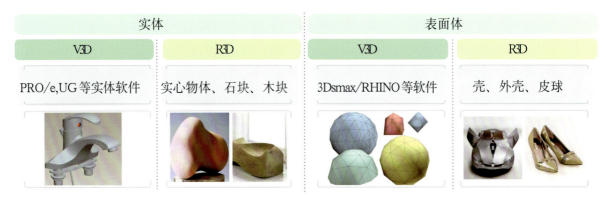

实体		表面体	
V3D	R3D	V3D	R3D
PRO/e,UG 等实体软件	实心物体、石块、木块	3Dsmax/RHINO 等软件	壳、外壳、皮球

不同的空间中的体

知识扩展

曲面造型技巧：曲面体的外观多由自由曲面组成，共同点是曲面光顺。从直观上是保证曲面光滑而且圆顺，不会引起视觉上的凸凹感，从理论上是指具有二阶几何连续、不存在奇点与多余拐点、曲率变化较小以及应变能较小等特点。要达到这些要求就必须掌握曲面的造型技巧。

1. 巧妙分析、灵活分割：不能用一张曲面去描述一个复杂的三维造型，这样的曲面会不光顺，产生大的变形。可根据应用软件曲面造型方法，将其划分为多个区域来构造几张曲面，然后将其缝合，或用过渡面将其连结。当今的三维 CAD 系统中的曲面几乎都是定义在四边形域上。因此，在划分区域时，应尽量将各个子域定义在四边形域内，即每个子面片都具有四条边。而在某一边退化为点时构成三角形域，这样构造的曲面也不会在该点处产生大的变形。

2. 建立光顺的曲面片控制线：曲面的品质与生成它的曲线即控制线有密切关系。因此，要保证光顺的曲面，必须有光顺的控制线。曲线的品质主要考虑以下几点：①满足精度要求、②曲率主方向尽可能一致、③曲线曲率要大于将做圆角过渡的半径值。

在建立曲线时，利用投影、插补、光顺等手段生成样条曲线，然后通过其"曲率梳"的显示来调整曲线段函数次数、迭代次数、曲线段数量、起点及终点结束条件、样条刚度参数值等来交互式地实现曲线的修改达到其光滑的效果。有时通过线束或其他方式生成的曲面发生较大的波动，往往是因为构造样条曲线的 U、V 参数分布不均或段数参差不齐引起的。这时可通过将这些空间曲线进行参数一致性调整，或生成足够（视形状与精度而定）数目的曲线上的点，再通过这些点重新拟合曲线。在曲面片之间实现光滑连接时，首先要保证各连接面片间具有公共边，更重要一点是要保证各曲面片的控制线连接要光顺，这是保证面片连接光顺的必要条件。此时，可通过修改控制线的起点、终点约束条件，使其曲率或切矢在接点保证一致。

3. 将轮廓线删繁就简再构造曲面：我们看到的曲面轮廓往往是已经修剪过的，如果直接利用这些轮廓线来构造曲面，常常难以保证曲面的光顺性，所以造型时在满足零件的几何特点前提下，可利用延伸、投影等方法将 3D 轮廓线还原为 2D 轮廓线，并去掉细节部分，然后构造出"原始"曲面，再利用面的修剪方法获得曲面外轮廓。

第二节
纸上谈兵——三维形态造型成型种类

一、基础形态造型

基础形态造型是指造型由基础形态造型构成。主要指空间中的点、直线和由直线构成的面和体，点、空间中的点连线、三点构成的平面，基础造型（如方体、圆球体、圆柱体、圆锥体等）以及扩展变形物体。

空间中的点

空间中的多个点

空间中多个点的连线

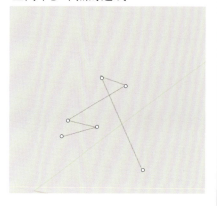

空间中三点连成的面

空间中四点连成的面

平面体（四面体、五面体......）

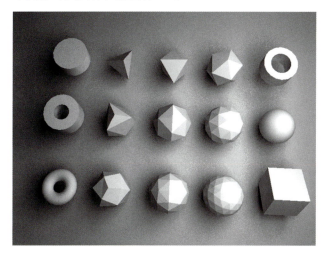

多面体变形，原有形体的基础上进行简单变形

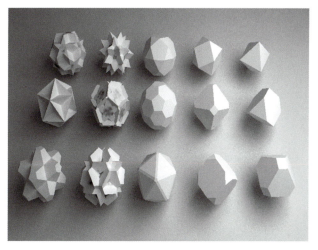

二、简单形态造型

简单造型是指造型为基础造型元素的位置组合与研究。通常指位置的组合和造型的简单叠加。

空间中的面（体）的直接连接

 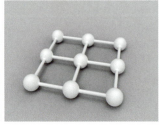  

三、复杂形态造型

复杂造型是指三维造型中曲面体的相加、相减、相交成型、曲面体间的简单过渡连接。

空间中多面体的相加相减与相交。

空间中面与面（体）和过渡连接

 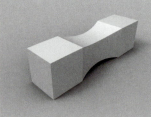  

四、高级形态造型

高级造型指的是经过多次变化已经模糊基本造型的立体造型。对于复杂形态造型，指的是可以明显看出曲面的组成关系，但是到了这个阶段，就不是那么轻易地看出曲面产生的步骤。因为造型表面已经没有明显的基础造型特征。经过了这个阶段，可以称之为高级形态造型。造型多为双曲面体。

空间中面和面（体）的过渡连接（面和面之间或物体之间有空间搭接两物体）

   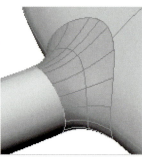

案例欣赏
空间中的面、体做拉伸、旋转、扭曲产生的派生造型

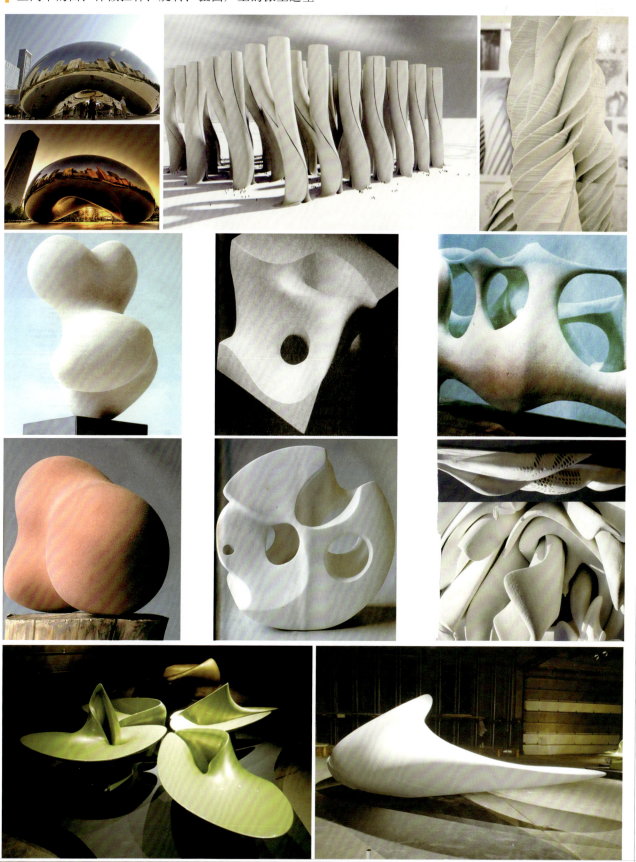

五、模糊形态造型

模糊形态指的是各种形态的综合、组织，及表面造型的肌理处理，造型建立后的表面肌理处理，造型建立后的整体处理及调节而形成的复杂的琐碎的造型集合体。

第三节
形态历程——三维形态造型成型过程

　　传统整体造型形成的过程一般可以分为两种情况：演化成型与推导成型。

一、演化成型

　　常见的创建造型过程。是造型从整体到细节、粗略到细致、模糊造型到明确造型的形成过程。在R3D中，一般会用于模糊建立的方法，例如使用油泥建立造型、雕塑塑造也大多是先塑型，再逐渐刻画细部，形成最终造型。在V3D中，3dsmax的多边形建模是典型的演化成型的方式，先通过基础造型的组合和编辑建立造型原型，再进行多边形编辑（包括点、边界、多边形等）与修改（包括挤压，拉伸，导边，桥接等命令），最后经过圆滑处理命令，形成最终造型的过程。

　　演化成型的一般步骤是：

（1）确定构成造型的基本元素。

（2）确定基本元素间的空间关系。

（3）建立基本造型原型，将基本元素进行空间塑造（包括相交、连接、贯穿与挤压、拉伸、导边、桥接等手法）。

（4）对造型原型进行修改，将造型中局部不完美，或有缺陷的地方进行重建。

（5）利用曲面间的匹配、过渡、融合等手法，对造型进行细微调整，以确定相关细节。

（6）对造型进行后期整理与调整后，得到最终造型。

二、推导成型

　　在设计三维造型的时候，会经常出现一种情况：设计的最终造型是具有特征的造型，这种关键造型要素本身就是需要最终实现的结果，在正常推导顺序的时候，通常需要经过繁杂的实验和调整才可以得到的关键造型。例如将两个不同造型进行相互交叠组合，会得到一条相贯线，位置不同会引起结果的不同。想要得到设计好的曲线就只能碰运气，期待得到好的结果。在这种情况的时侯就可以使用推导成型的方法，以该条关键线为造型要素，将整体造型推导出来，是非常有效的建立造型的方法。在R3D中通常会使用关键线和切片建立造型的方法。例如扎制彩灯的过程（做出支撑龙骨框架，再蒙皮的过程）等。在V3D里面曲面软件通常使用这种建立过程，是在虚拟空间中先建立关键曲线，再将关键线形成曲面，再将曲面组合，最后形成整体造型。是常见的造型过程。由局部到整体的成型过程。从已知的局部造型特征与结果逐渐推导出整体造型。逆向地将次要造型元素与关键造型元素相匹配，通过类似步骤最终得到整体的造型，或者由特定曲线或特定曲面展开，再反求出其他相关造型要素的过程。

　　推导成型的一般步骤：

（1）分析最终造型的特征造型因素。

（2）在空间中进行关键造型因素的制作。

（3）利用关键造型元素形成的边界或者关键线作为次要造型的造型要素，再逐次推导出次要造型的其他造型元素，进行局部造型的建立。

（4）若造型复杂则多次重复步骤3，直至造型完成。

（5）检查造型，细节曲面进行重建，调整，直至完成最终造型。

　　对于曲面体而言，推导成型的步骤是：

（1）先将整个曲面体以曲面特征为分割前提，划分为若干区域。

（2）将分割后的曲面的形成要素——曲线，进行分析找出关键曲线。

（3）制作出关键曲线。

（4）以关键线形成曲面。

（5）将这些曲面组合成为一个整体。

（6）对局部曲面间连接不完美处进行调整与重建。

（7）最终得到目标曲面体。

演化成型过程演示

由基本造型元素组合再进行细部处理，得到高级造型的过程。

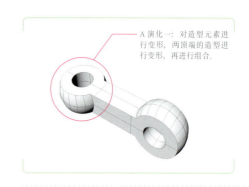

A 演化一：对造型元素进行变形，两顶端的造型进行变形，再进行组合。

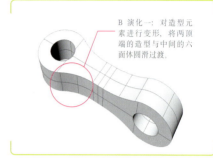

B 演化一：对造型元素进行变形，将两顶端的造型与中间的六面体圆滑过渡。

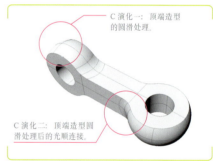

C 演化一：顶端造型的圆滑处理。

C 演化二：顶端造型圆滑处理后的光顺连接。

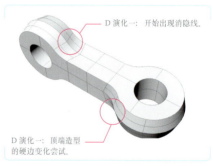

D 演化一：开始出现消隐线。

D 演化一：顶端造型的硬边变化尝试。

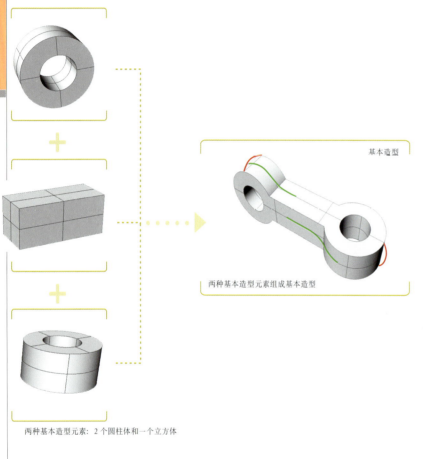

基本造型

两种基本造型元素组成基本造型

两种基本造型元素：2 个圆柱体和一个立方体

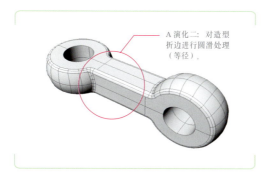

A 演化二：对造型折边进行圆滑处理（等径）。

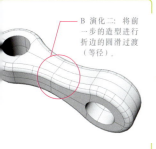

B 演化二：将前一步的造型进行折边的圆滑过渡（等径）。

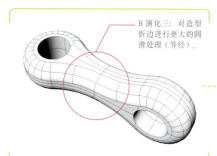

B 演化三：对造型折边进行更大的圆滑处理（等径）。

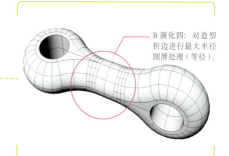

B 演化四：对造型折边进行最大半径圆滑处理（等径）。

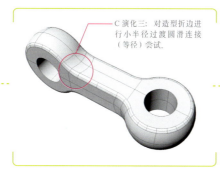

C 演化三：对造型折边进行小半径过渡圆滑连接（等径）尝试。

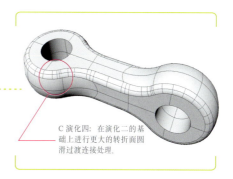

C 演化四：在演化二的基础上进行更大的转折面圆滑过渡连接处理。

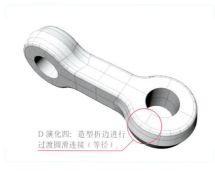

D 演化四：造型折边进行过渡圆滑连接（等径）。

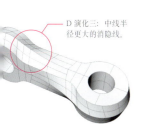

D 演化三：中线半径更大的消隐线。

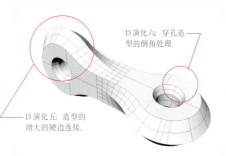

D 演化六：穿孔造型的倒角处理。

D 演化五：造型的增大的硬边连接。

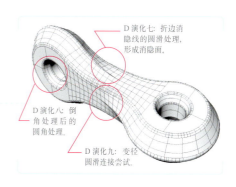

D 演化七：折边消隐线的圆滑处理，形成消隐面。

D 演化八：倒角处理后的圆角处理。

D 演化九：变径圆滑连接尝试。

推导成型过程演示

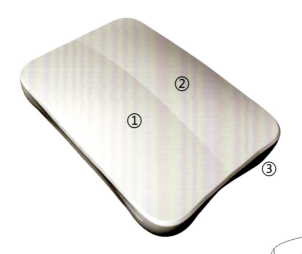

（1）这是最终的造型形态，是由 3 个曲面①②③构成的立体造型的上部，在推导成型过程中需要了解最终的曲线造型的造型要素和成型的条件以便进行下一步工作的准备。将整体造型分割为多个曲面。

（2）分析最终造型的特征造型因素。在造型上进行关键要素的确定，并且确定关键造型要素（曲面①②③）的位置和形状，并且根据分析的结果进行确定曲面的要素（关键曲线）的制作，形成线框文件，为下一步制作曲面做准备。

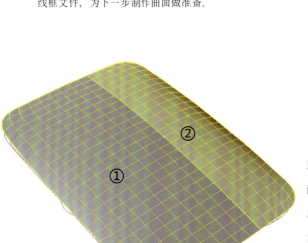

（3）利用上一步骤的结果，使用曲线制作曲面，形成曲面①与曲面②，并且能够得到后续的曲面的成型因素（曲面的边缘会成为相邻曲面的成型要素），接下来去顶相邻曲面的成型要素，为下一步的制作做准备。

（4）利用上一步骤的结构进行后续的曲面的制作，完成曲面③的制作，再以曲面的边缘为关键线制作底部曲面，直至整个造型的整体模型完成。这也是利用关键造型元素形成的边界或者关键线作为次要造型的造型要素，再逐次制作推导出次造型的其他造型元素进行局部造型建立的方法。

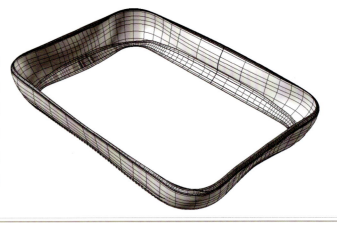

（5）在整体造型完成后再进行相关的曲面的分割和重组，直至完成最终的造型细节，为下一步的表现打下基础。同时检查造型细节曲面，进行重建，调整，直至完成最终造型。

案例欣赏
该案例的最终造型及形象欣赏

思考与训练

思考题：

1. 三维造型的成型过程是什么样的？

2. 如何创造美观、丰富的三维造型？

3. 在制作三维造型的时候如何决定制作过程？

第二章 形态造型的建立方法

1. 各显其能——造型建立典型方法
●内容概述
点阵、切片、关键线
网格、模糊、数字输入
参数方式建立三维造型

2. 现实建立
R3D 建立三维造型
点阵造型方式训练
切片造型方式训练
关键线造型方式训练

3. 虚拟成型
V3D 建立三维造型
多边形造型方式训练
曲面造型方式训练

●教学重点
三维造型方法的方式

●学习难点
V3D 的建模方法

●学时计划
课内合计学时：48 学时
（理论 16 学时，实验 32 学时）
课外研修学时：20~40 学时

第一节
各显其能——造型建立典型方法

上一章讲述了形态造型在形成过程中的要素及各个要素间的转化与相互作用，以及形成整体造型的过程与原理。

本章的主要目的是针对不同规律形成的造型，在建立过程中的思考分析与判断，学习针对不同原理形成的造型应该使用何种方法进行造型的三维构建，最终实现造型的物化。

本章讲解七种造型建立的方法。首先进行造型方法的讲解，分别是点阵方式、切片方式、关键线方式、网格方式、模糊方式、数字虚拟方式、公式参数方式及其成型的原理，以及大致步骤与其在艺术与设计范围内的应用实例；然后从 R3D 的方面以点阵方式、切片方式、关键线方式、进行实例讲解；最后在 V3D 方面以关键线方式、模糊方式建立造型的三维软件，建立造型的原理和过程进行举例讲解。

一、点阵方式建立造型

点阵的建立方式，是指将目标造型的表面以点阵的方法表现出来，是一种描述性质的造型方式。在这个过程中是将造型表面以点的形式进行描述，这种描述是以陈述的方式，表明在何位置有点出现，以说明面的细节。这是一种最简单的三维建立方法，但也是最繁琐的一种表现三维造型的方法。"简单"的原因在于这种表现方式没有什么难度可言，这种方法不需要复杂的分析，只要掌握好点的位置和大小，就可以进行表述。"繁琐"是因为在这种建立的方式中，物体表面都是均匀布置的点，这些在制作的时候没有什

典型的点阵表现三维造型，物体的点越小、距离越近。表现细节就越多。相反，点的面积越大、距离越远，表现的细节越少。其实可以说明上面说的表面分辨率的问题。

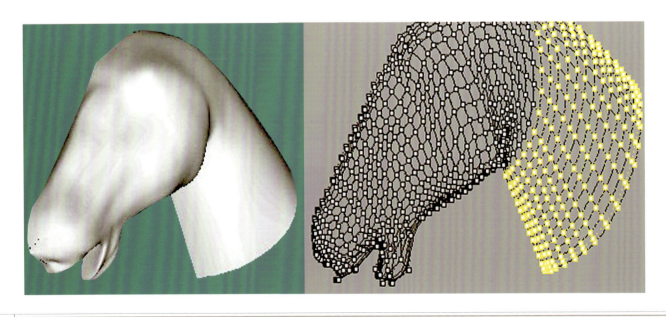

么技巧或者窍门，必须将目标物体的空间形态表述清楚，这也就带来了巨大的工作量。必须要分析，找出相对应的标注点，计算好位置准备制作。

需要注意的是，在使用点阵方式进行形态造型的建造的时候，需要搞清楚该造型适用于什么样的表现精度，如果精度高的话，就会产生很大的工作量，如果点的数量太低或者点的体积过大，无法或者不足以清晰显示造型的表面特点，就需要减少点与点之间的距离或者减小点的体积，以便达到目标，将造型表述清楚。

在这里可以用表现物体分辨率的方法进行解释：控制工作量和表现精度之间存在着一种平衡关系，当工作量越大的时候，表现精度就越高，当表现精度降低的时候，工作量也就随之减少。在这种情况下，对于目标物体只要把需要表现的物体"点分辨率"（其实也就是对三维造型表面相邻的点进行简化）降低就可以大概建立出造型的表面特征。

同时，在布置点的位置关系时，需要对造型物体进行分析。在上一章讲过，坐标方式我们讲过四种。在制作具有不同特征物体的时候，点的排列规律也可能会有不同的方式。例如制作一个球体，在布置点阵的时候就需以球坐标系的方式进行点的固定，这样才会提高工作效率，并且达到良好的视觉效果。

在点阵表现的过程中，点可以使用其他形式来表现例如使用具有相同特征的面。

在点阵表现的过程中，点可以使用其他形式来表现。例如使用短线

案例欣赏

实用案例

　　在现实生活中有很多的地方都会应用点阵来表现造型，不论点的形式是动态的还是静态的，发光的还是不发光的，都会完美地呈现最终造型的形态。

在建筑设计中，点阵方式常会出现于概念建筑或者试验型建筑的方案中。

平面点构成实例

以人为点的平面构成图形的案例，图中的造型点为不同服饰的人，完成图像像素的差异性，完成图像的构成。

在室内设计中，点阵方式经常作为装饰的手法之一。室内设计的
装饰作用的物体，为人头的形象。

宝马汽车的展厅展示，运用垂吊下来的金属球
表现汽车造型特有的曲线美。形成简炼的流线
型汽车造型。

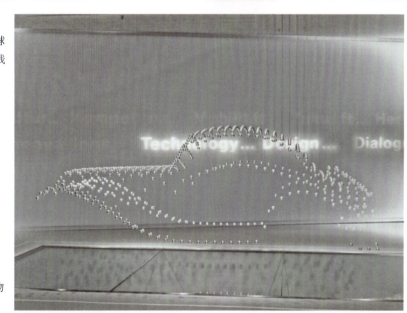

图中可以看到还可以使用发光物体或者支撑物
体的顶端替代点。

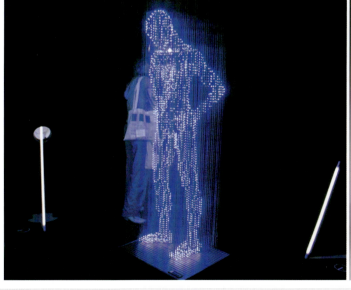

二、切片方式建立造型

切片的建立方式在原理上是将形态造型转化为二维图形，再利用其厚度的叠加还原成为三维形态。是将三维造型的难度简化，相对于其他的造型建立方式是比较简单的。虽然三维图形在制作的过程中具有很强的趣味性，但由于其在造型上的丰富变化，很难将相关的参数表述清楚。二维的图形在制作难度上有很好的优势，可以在任何容易切割的、平板的材料上进行加工，所以加工难度很低。

在切片造型建立的方法中使用的是关键线的原理，但是只是使用同一方向的层面的关键线，曲线所在的平面之间都是平行关系，制作简单的原因在于虽然都是使用关键线的做法，但是所有的关键线（即截面线）都是平面的曲线，只需要将其空间定位点的位置标记清楚就可以方便地表现所研究设计的三维造型。在使用这种建立造型方法的过程中经常使用的材料是密度板或者卡纸，这两种材料在使用的时候都有易标记、易加工的特点。将三维造型进行切片分解，再进行重构，可以得到所需要创造的三维造型。在制作的过程中存在工作量的问题，在这个方面和点阵制作相似，都可以采用降低密度的做法，一种办法是可以将切片的厚度增加，另一种方式是在层片之间增加空隙，用这两种方法来减少工作量。

在制作的过程中，会出现几个问题：

1. 如何进行切片的定位：解决方案是在切片上做出位置固定的两个孔，在组合的是进行定位鉴别。

2. 如何确定切片的厚度：观察造型的细节部分，以切片厚度小于造型细节厚度为宜。

案例欣赏
中央美院建筑专业的毕业作品——切片造型方法案例

图片欣赏

日本的艺术家利用纸张进行切割，再进行组合。由于所用材料的厚度很薄，所以其表现出来的造型细腻、丰富。具有很强的观赏性。

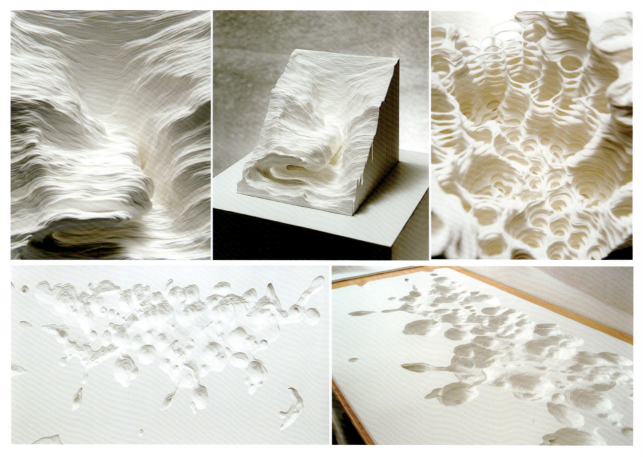

现实中使用实例

室外公共家具，室内家具等等，利用切片的方式将曲面造型的物体建立起来。

在室内装饰、室内建筑，或者产品的展示以及艺术品展示中，都会看到使用切片的方式表现立体造型。

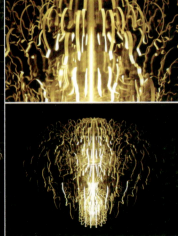

三、关键线方式建立造型

关键线建立造型的方式是把构成整体造型的各曲面的构成曲线作为造型要素——关键线，并以关键线为造型依据，进行整体造型构建的造型方法。

在关键线方式建立造型物体的时候可以分为两种情况：

1. 关键线以支撑的方式控制物体造型

2. 关键线以约束的方式控制物体造型

关键线建立造型的方式的难点在于关键线的选择与确定。因为关键线必须是清晰、明确，具有明显的转折、过渡、约束的作用的线条，所以造型分析的时候就会对不同的情况区别对待。

当关键线为直线时候，用直线的方式表现三维造型物体的空间特征（其实这是点阵表现方式的一种变形，是关键线中最为简单的的一种）。

一种是关键线存在于物体表面或者概括为物体的转折线，表现为物体的框架；另一种情况是直线关键线存在于造型物体的外部，只是起提拉的作用，就好像我们在海边看到的膜拉结构的遮阳设施。

| 上述关键线（直线）建立三维造型的表现方法

| 关键线为直线的案例

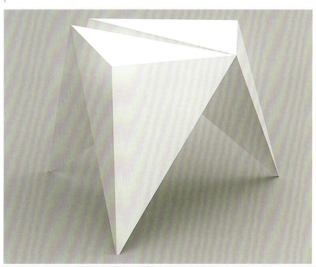

| 关键线为剪影线的案例

具体实例：折纸快速造型

　　利用计算机软件，进行三维转化平面，快速有效，其制作具体步骤过程如下：

1. 绘制草图，将目标造型尽可能详细地绘制出来。

2. 精简建模，在 3dsmax 中，使用多边形工具进行建模，建模的要求是尽量使用四边形，把顶点的数量做到最少。

3. 把 3dsmax 的模型导入《纸模大师》的软件中进行分片。

4. 在分片上进行 photoshop 着色处理。

5. 打印纸张。按照提示进行裁切。

6. 进行粘接。

7. 处理细节。

8. 得到立体造型。

软件界面

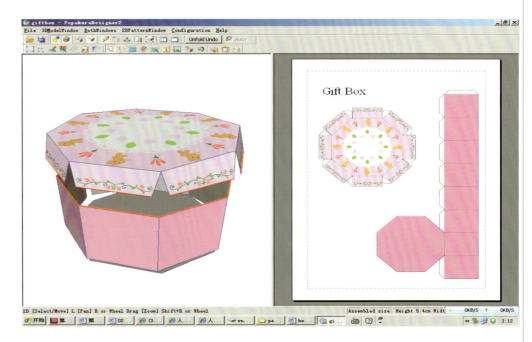

作品欣赏

另外一种是使用空间关键曲线的关系进行造型构建，是相比直线关建线更复杂的一种。同时在制作过程中，材料的选择对于造型的变化会产生不小的影响，尤其是材料的弹性强度。因为弹性大的材料在进行空间曲线造型的时候，会出现细节无法控制的情况。所以要选择弹性适中的材料进行处理。

曲线对于造型控制方式可分为：支撑式与约束式。

支撑式：一种是以曲线为边缘线，关键曲线是相邻曲面或曲面与平面之间的相交线。

约束式：另一种是以曲线为约束线，多用于曲面表面造型，曲线为造型关键的转折约束线，对于相邻的曲面的控制是相当于软件中"权重控制"。对于相连曲面的控制在于关键线的控制"能力"的大小。

关键线对相邻曲面的控制变化引致样态变化

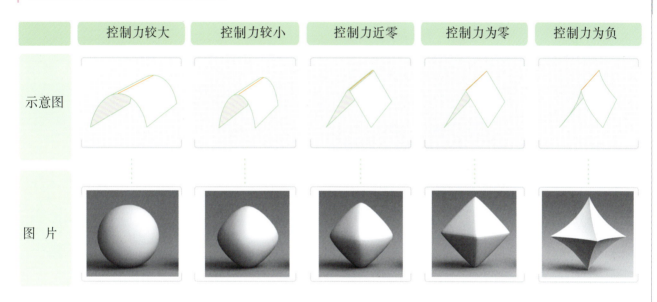

	控制力较大	控制力较小	控制力近零	控制力为零	控制力为负
示意图					
图片					

关键线支撑的家具样态

案例欣赏

Thomas Raschke 的线框艺术

建造方式都是由体面的分界线组成的，但是需要注意的是，棱角的造型，关键线就在转折面上，但是整体曲面造型的话就会出现没有直接的转折线，这个时候就要仔细分析曲面的组成，然后再确定关键线的位置。

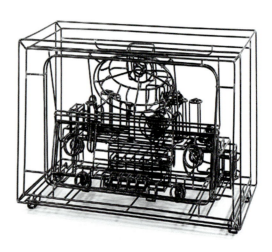

Matthias Pliessnig 作品（本案例清楚看到在复杂曲面建立的时候关键线所在位置和颜色差别）

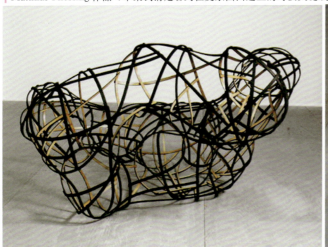
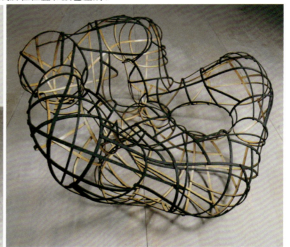

相关案例欣赏

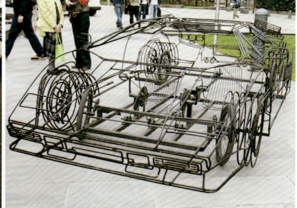

以折线为关键线建立造型的案例

典型案例

服形也是由面片边缘为关键线进行组合形成服装的案例

支撑类灯具案例

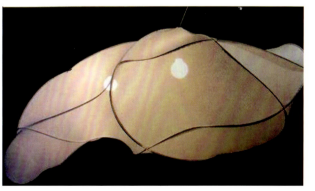

四、网格方式建立造型

网络方式建立造型的方法是利用造型单元元素的组合与重复的方式进行三维造型表面建立的一种方式。这种造型方式具有自重复并且有变形的特点，在网络拼合连接的方式中加入分型原理——自重复与变型，造型单元具有可变形的特点，由此可以产生造型表面的丰富样态。

网格是建立造型的单元元素，本章的网格指的是造型过程中重复的单元，包括视觉上的形状的重复（材料结构的间隙形状与材料孔洞）与材料模块（一定形状的材料）和单独的物体模块。

网格的组织构建方式有两种模式：编织与拼接。

1. 编织：是材料间组织结构的一种，表现为视觉上的形状单元的重复，构成材料的组织关系是编织关系，是材料间的相对固定关系。

2. 拼接：表现为造型单元的模块形式，并且模块的结构关系为连接特点。具有可拆分的特点，可以看做点阵构成形式的扩展，但他们之间是有区别的。点阵造型方式点的关系依靠的是支撑物，点与点之间并没有直接产生关系。网络建立方式是造型单元间直接的连接，是具有紧密关系的。

案例欣赏

典型案例

 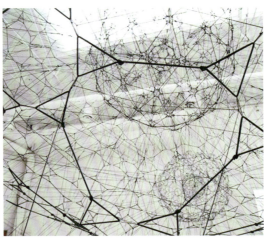 

具体实例

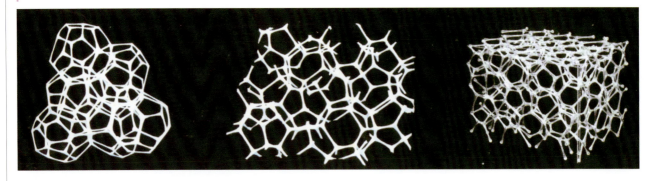

Matthias Pliessnig 作品

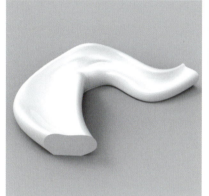

Matthias Pliessnig 作品网格与实体对比

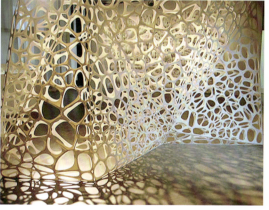

网格运用

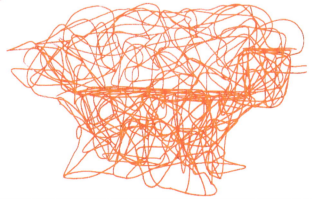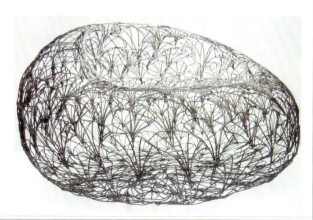

五、模糊方式建立造型（了解）

这种方式和我们平常见到的雕塑方式很相似，就是先塑造基础造型，再通过不断的细节处理，达到细腻造型的一种表现过程，这实际上是在建立过程中需要经常进行推敲并修改的过程。造型的把握基本上都是靠技术的支持，否则会进行反复修改，无法确定，对于最终造型的使用一般会用反求的方式来进行数字扫描再翻模生产。这是一个物体从粗到细、从整体到局部的造型塑造过程。

模糊造型方式的成型原理：利用、增加、组合、积聚堆砌、减少、分离、去除的方式进行造型塑造。

模糊造型的材料类型主要有一次性材料与多次性材料。

对于木材、石材等材料可以使用去除的方法。

对于泥、雕塑土等材料使用堆积的方法。

制作步骤：

1. 准备图纸：对所涉及的造型进行理解和分析，为后期的造型做准备。

2. 框架制作：使用铁丝进行支撑架的制作，也可以用细铁丝进行缠绕，底座可以选用廉价的木板。

3. 敷泥：把泥料加热，使油料质地细腻光滑，方便塑型。根据具体的造型特点选择填充材料（如报纸、泡沫等）减少精雕油料用量，减轻作品重量。

4. 粗刮：敷泥完成后，进行大幅度的塑造与修正，使用锯齿状刮刀进行粗刮，进行不断的修正与调整，让精雕油料表面更有附着力，为精刮阶段做良好的表面基础。

5. 精刮：不断地调整，再调整，进行不断的比较与耐心的仔细刮切，一直达到满意为止。

▌案例欣赏

▎学生作业——模糊造型训练

Matthias Pliessnig 作品

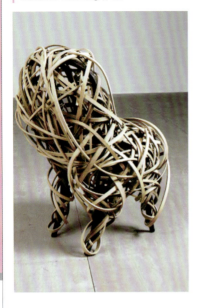 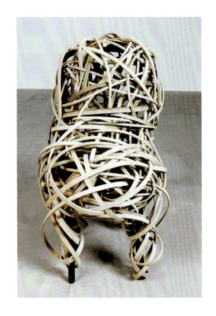 

陶瓷工艺品造型   陶瓷工艺品造型

日本东京设计机构 H220430 Studio 设计的 lvy 椅

六、数字虚拟方式建立造型（了解）

这是现代造型常用的一种方式。也可以说是数字时代的一种方式，是直接使用现成品进行数字立体扫描（这里的现成品包括前面提到的模糊方式成型建立的模型）。将其转化为数字模型，然后在数字软件中对模型进行修改与编辑，使其在虚拟空间中建立，最终可以进行虚拟空间中的运用（在游戏、影视等领域中使用）与真实空间中的运用（用三维成型机制成实物进行使用）。

实现的步骤如下：首先，将造型利用三维扫描仪扫描为数字云点文件，再将云点进行数字处理，使其成为可以编辑的数字模型文件。接下来，对数字文件进行造型上的再设计和改造形成最终造型文件，然后运用三维成型机将目标物体制作出来的一个过程。通常在设计过程中的反求工程会使用这种方法。

| 三维扫描仪工作中

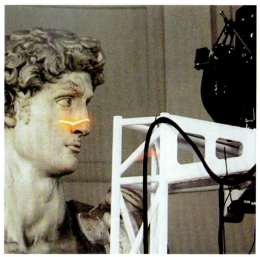

| 三维扫描仪工作中

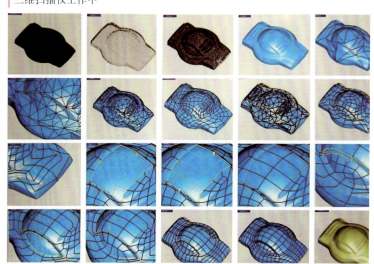

| 三维扫描仪工作角度

| 三维扫描仪扫描后的网格文件

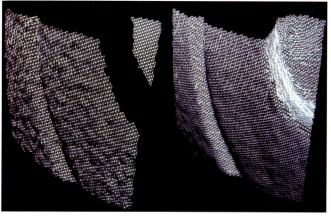

七、公式参数法建立造型（了解）

这是现代造型常用的一种方式，主要是利用系统论的原理与数学领域中的矩阵的原理组合，进行造型的创造与筛选的方法。这种造型方式的特点就是：目标造型由相关的若干组成元素构成，各部分之间相对独立而又相互联系，每个部分都具有可变性或者变化范围，最终组合会产生组合的差别性和多样性。再根据计算生成的造型样态阵列，进行筛选，确定最终造型。

举例说明：一个物体分为三个部分：形状部分为 P1、P2、P3，每个形状的颜色参数有三个参数范围为 A、B、C。经过参数的调整与排布最终形成 27 种组合方案。最终再从这些方案中挑选一种即可。

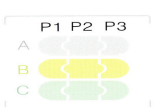

案例欣赏
在建筑设计中的运用

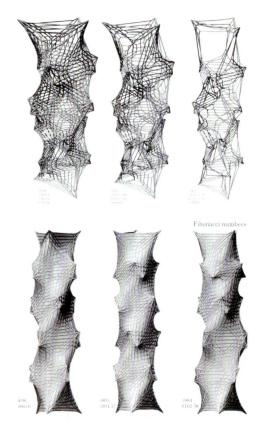

在造型创造中的运用

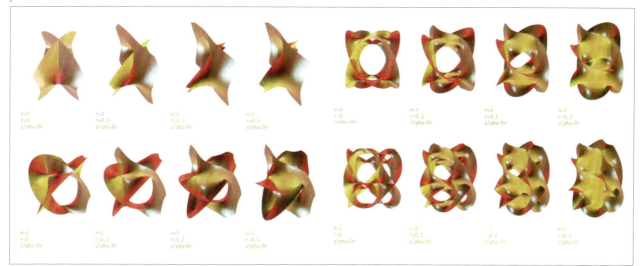

在虚拟领域的软件实例

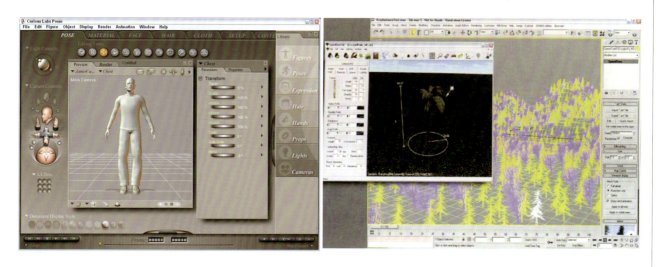

第二节
现实建立——R3D 建立三维造型

一、在 R3D 中使用点阵方式建立造型

以点阵的方式在现实空间中建立造型。在本练习中，点的概念可以替代的方式进行，替代为点状物体、片状物体、发光物体等。只要在空间中能够将点的位置进行固定即可。

制作要求与目的：利用廉价材料完成空间点作为元素进行试验。学会将手绘或者计算机软件设计出的造型进行快速建立。

使用材料：

底板：实木板 30cm × 30cm × 1.5cm

支撑物：干净竹签 300 根，也可以使用透明鱼线以增加透明的效果。

固定介质：胶水或者乳白胶

工具与设备：标记工具、切割工具、打孔工具

制作步骤：

1. 造型设计阶段：造型设计并且在纸面上进行绘制，确定样态。

2. 进行制作分析：按照造型特点，进行造型分析，确定造型的表现精度。

3. 将物体进行转化：对物体进行表面分析，确定表面关键点的位置及分布位置。

4. 标注空间位置：在支撑物上将标记点的距离位置固定并进行制作。

5. 在实木板上阵列打孔：孔位的大小和密度可以确定造型表现的细致程度。

6. 在标记点上把准备好的点固定：在制作过程中要求支撑物体以可以移动修改为合适。

7. 把竹签往木板安装：在确定造型表达清楚的前提下将支撑物固定，以便保存和移动。

8. 固定竹签顶端：可以使用透明材料将支撑物上端进行固定，确保视觉效果。

9. 记录与研究：通过灯光位置变化、观察角度以及记录的方式，进行造型研究与探索。

| 制作前的分析步骤

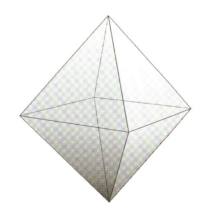

整体造型模拟

模拟点的位置样态

完成的模型

典型作业

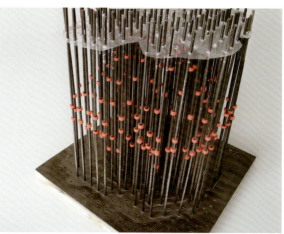

▌典型作业

作业评价标准（制作要求）

1. 底座平整、稳定，支撑物固定位置明确。

2. 支撑物以可以隐藏或者弱化为最佳标准，支撑物间是完美的平行关系。

3. 标记点的选择为可以在支撑物上滑动，视角效果明显，易辨认为前提。

二、在 R3D 中使用切片方式建立造型

制作材料：3mm 密度板（规格为 1.22 米 ×2.44 米）

　　　　　乳白胶 1 桶（可以几个人合用）

制作工具：切割工具（锯或者台式曲线锯）

制作步骤：

1. 将需要表达的三维造型绘制清楚、确定样态

2. 将物体进行切片，转化为平面曲线

3. 标注切片的空间位置

4. 在密度板上进行分块（大块）

5. 将大块进行细致裁切，形成切片

6. 将切片进行连接固定、连接

7. 进行细节调整

8. 完成造型建立，进行造型研究与探索

放线

分块

切割

裁切

细切

假组

打磨

典型作业

作业要求：设计造型为高级曲面物体，表面有明显的造型变化。

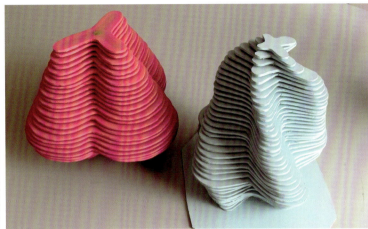

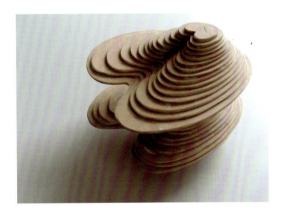

案例评价:

【优点】

1. 造型表面丰富、有微妙变化;

2. 造型流畅;

3. 学会运用、使用分离间隔的方式,减少工作量。

【缺点】

　　顶端造型的尾处不够平滑。

【建议】

　　在顶部造型的时候采用曲面的方式进行造型塑造。过度时进行一定的补偿。

设计的曲面体造型与切片制成的模型

角度 1　角度 2
角度 3　角度 4

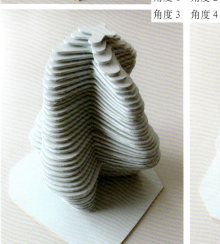

曲面体造型分析

案例评价:

【优点】

1. 单独片裁切精致、细节处理好。

2. 制作用心。

【缺点】

　　整体曲体表面造型处理手法略显单调。为坡面结构,是一种坡面体的造型。每块造型在制作的时候,分析的过程中使用了平均等距缩进的方法,结果造成造型单调的后果;所以在使用各种造型手法的时,层片形状不仅要求相似,还需要存在变化,才会制造出丰富微妙的曲面。

【建议】

　　使用造型手法要从多角度对造型进行创造论证,不能只从一个角度进行琢磨,还要多角度、全方位地进行造型创造。对方案进行再设计以确定最终效果。

角度 1

角度 2

角度 3

三、在 R3D 中使用关键线方式建立造型

实际制作案例

材料：直径 1mm 钢丝或者 8# 铁丝，细铁丝若干

工具：钳子

制作步骤：

1. 确定需要表现的造型

2. 分析造型并且确定关键线的位置及形状

3. 对布置好的曲线调整修正

4. 制作曲线，并且标记好曲线交叉点位置

5. 将金属丝制作成曲线，并且进行连接形成立体造型

6. 固定连接交叉点，尽量牢固

7. 进行细节调整

8. 完成造型，进行造型研究与探索

▌典型作业

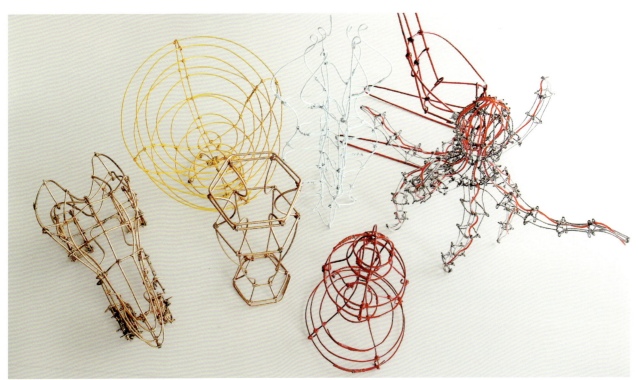

评价标准：

1. 关键曲线的选择必须具有不可替代性和代表性的特点，在平滑面中曲线数量不需太多。

2. 曲线必须顺滑，连接处牢固。

3. 选择合适角度记录。

▌典型作业

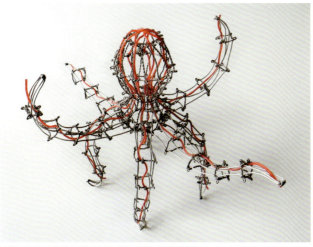
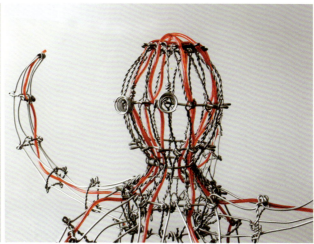

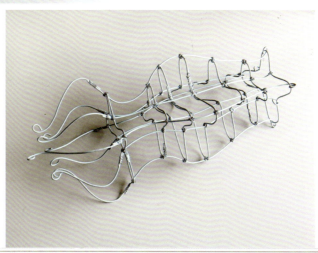

第三节
虚拟成立——V3D 建立三维造型

一、V3D 软件种类及建模原理介绍

在 V3D 中，建立三维物体需要一定的物质基础，也就是我们平常所说的软件与硬件。软件是各种各样、种类繁多的计算机软件。硬件是计算机硬件，包括工作站、服务器、品牌台式机、组装台式机、笔记本电脑等等。在这一节，介绍的是具有典型建模特征的几种计算机软件。当然，随着技术的进步，计算机软件会更加易用化，人性化。

在 V3D 数字虚拟领域中，在进行软件操作之前，基本上都会针对物体造型特点进行分析，再制定相关的工作计划，然后进行三维造型的创造。在这个过程中，基本的步骤类似，就好像进行R3D的造型创造一样。首先要进行造型种类的判断分析、然后再选择合适的建模方向、接下来选择合适的三维软件进行建模。

本章介绍的建模种类主要有三种：一种是以3dsmax 为代表的多边形建模方式，另一种是以 rhino 为代表的曲面建模方式，还有一种是以 zbrush 为代表的模糊堆砌建模方式。本节只是将软件的建模原理和制作步骤进行粗略的讲解，若需达到熟练精通的程度还要经过专业的软件培训和勤奋的训练。

（一）3D Studio Max，常简称为 3ds Max 或 MAX，是 Autodesk 公司开发的基于 PC 系统的三维动画渲染和制作软件。其前身是基于 DOS 操作系统的 3D Studio 系列软件。

应用领域

1. 游戏动画：应用于游戏的场景、角色建模和游戏动画制作。

2. 建筑动画：进行高角度，或巡游进行建筑预演。

3. 室内设计：可以制作出 3D 模型，可用于室内设计、例如沙发模型、客厅模型等等。

4. 影视动画：《阿凡达》《诸神之战》等热门电影都引进了先进的 3D 技术。

这款软件有很多种建模方式，这里着重介绍的是多边形建模。其多边形建模是非常高效率的一种建模方式，我们进行重点介绍。

3dsmax 软件的多边形建模特点是典型的演化成型的过程。先建立比较粗略的多边形造型，然后使用编辑多边形的方法，进行细节划分，再使用平滑工具进行平滑处理。

建立粗略模型有两种方式：一种是由现有的基础造型进行改造，然后转化成多边形，所用的命令是 editploy；还有一种方式是使用 spline（多段线）直接进行线框建造，再使用由线转成体的命令 SurfDeform 将其直接转化为基础的多边形造型，建立低密度的网格造型，然后再进行细化处理，完成造型设计。

某版本启动界面

模型线框图

多边形编辑器界面

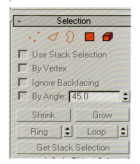

多边形命令主要介绍的是编辑多边形 edit poly 命令，在命令面板里有 vertex、edge、border、ploygon、element 等元素。与编辑多边形命令组合使用有 meshsmooth 命令。多边形建模实际上就是利用点线面体的关系进行模型建立，建立好的模型同时具有五种属性（vertex、edge、border、ploygon、element）。所以在多边形建模中，布线是非常重要的，由布线不合适会引起以下的一些问题：

1. 模型面的褶皱
2. 破面
3. 细分后会产生错误

布线原理：

在多边形建模中，多边形由四边形构成，但是四边形并不能只是在一个平面上，实际上是由两个三角形组成的，四边形有两个对角线，也就是说四个顶点不在一个平面，那么对角线位置不同，多边形的面的形状也会不一样，会形成不同的面片状态，问题也就随之而来，结果就会出现问题。那么，对于对角线更多的多边形（五边形等等），问题就会更严重。

解决的建议：在建立模型的时候尽量使用四边形。或者将其他多边形转化成四边形。合理布线，尽量简化，没有必要的面和顶点就去除，拐角需要圆滑的地方，在需要分段高的地方，在后期可以使用 cut 命令来加线显示隐藏的 edge，选用 visible 选项。

| 由方体经过编辑多边形命令制作的头部模型案例

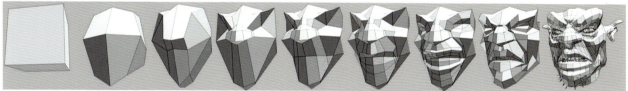

| 多边形布线位置与圆滑命令配合的结果

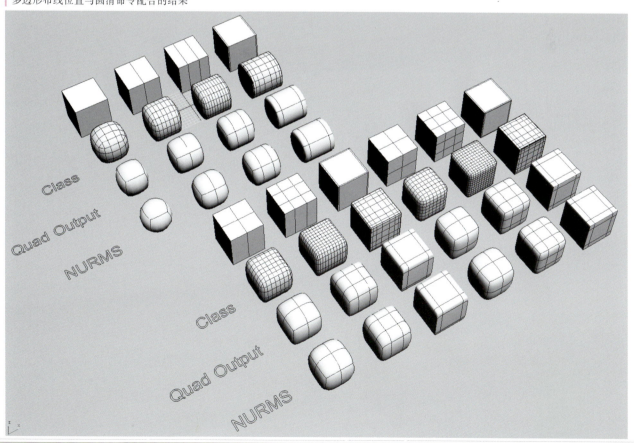

（二）曲面软件 rhino。这是典型的推导成型的软件，使用的原理是建立造型方式中的关键线方式建立三维物体。由造型的特征曲线开始，按照推导成型的步骤在 rhino 进行建模，在建模过程中是从曲线开始的，先由空间曲线开始，由曲线转化成曲面，将曲面组合形成整体，再进行细部调整完成建模。

Rhino3D NURBS(Non-Uniform Rational B-Spline) 非均匀有理 B 样条曲线是一个功能强大的高级建模软件；由美国 Robert McNeel 公司于 1998 年推出的一款基于 NURBS 为主三维建模软件。其开发人员基本上是原 Alias(开发 MAYA 的 A/W 公司) 的核心代码编制成员。这是一个"平民化"的高端软件：

需配置的只要是 Windows 95，一块 ISA 显卡，甚至一台老掉牙的 486 主机即可运行起来。 Rhino 安装文件量小，并且引入了 Flamingo 及 BMRT 及 -ray 等渲染器，甚至现在流行的 k-shot 等实时渲染软件。软件模拟图像的真实品质已非常接近高端的渲染器，可以和照片媲美 . 并以其人性化的操作流程让设计人员可以轻松入门。Rhino3D NURBS 犀牛软件是三维建模高手必须掌握的、具有特殊实用价值的高级建模软件。

启动界面　　　　　　　　　　　　　　　工具栏

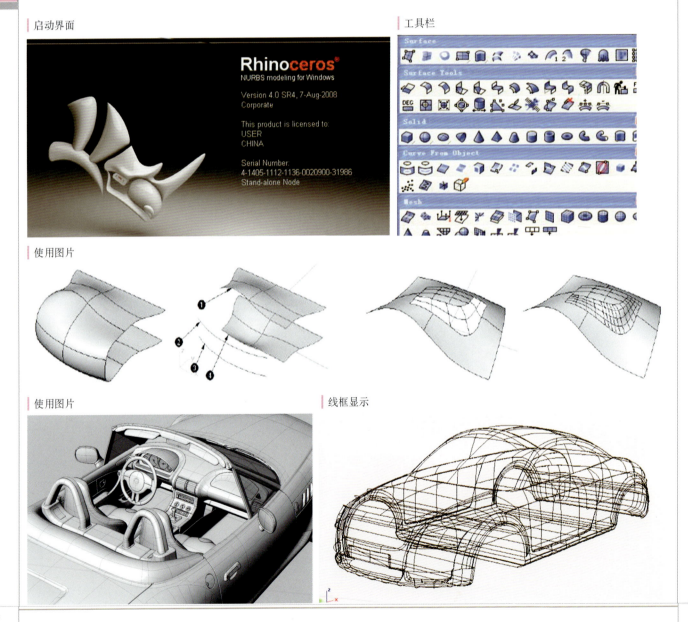

使用图片

使用图片　　　　　　　　　　　　　　　线框显示

（三）ZBrush 软件是全新的模型软件，是模糊造型软件的代表。他将三维动画中间最复杂最耗费精力的角色建模和贴图工作，变成了小朋友玩泥巴那样简单有趣。设计师可以通过手写板或者鼠标来控制 Zbrush 的立体笔刷工具，自由自在地随意雕刻自己头脑中的形象。至于拓扑结构、网格分布一类的繁琐问题都在后台自动完成。细腻的笔刷可以轻易塑造出皱纹、发丝、青春痘、雀斑之类的皮肤细节，包括这些微小细节的凹凸模型和材质。令专业设计师兴奋的是，Zbursh 不但可以轻松塑造出各种数字生物的造型和肌理，还可以把这些复杂的细节导出成为多边形模型。这些模型可以被所有的大型三维软件 Maya、Max、Softimage|Xsi、Lightwave 等识别和应用，成为专业动画制作领域里面最重要的建模材质的辅助工具。

在建模方面，ZBrush 可以说是一个极其高效的建模器。它进行了相当大的优化编码改革，并与一套独特的建模流程相结合，可以让你制作出令人惊讶的复杂模型。无论是从中级到高分辨率的模型，你的任何雕刻动作都可以瞬间得到回应，还可以实时地进行不断的渲染和着色。对于绘制操作，ZBrush 增加了新的范围尺度，可以让你给基于像素的作品增加深度、材质、光照和复杂精密的渲染特效，真正实现了 2D 与 3D 的结合，模糊了多边形与像素之间的界限，让你为它的多变而惊讶，兴奋不已。ZBrush 是一款新型的 CG 软件，它的优秀的 Z 球建模方式，不但可以做出优秀的静帧，而且也参与了很多电影特效、游戏的制作过程。它可以和其他的软件，如 max、maya、xsi 合作做出令人瞠目的细节效果。

建模步骤如下：

1. 先建立变形球，根据一定的摆放顺序，在虚拟空间里堆砌出所需要的造型的大的体块。

2. 然后将其转化成多边形。

3. 多边形形成之后再进行平滑处理。

4. 将大块的多边形细化成细腻的曲面体。

5. 在用笔刷工具将表面肌理特征在物体上画出来。

6. 编辑骨骼，进行动画配置。完成造型创造。

| 软件标志

| 运行界面

案例欣赏

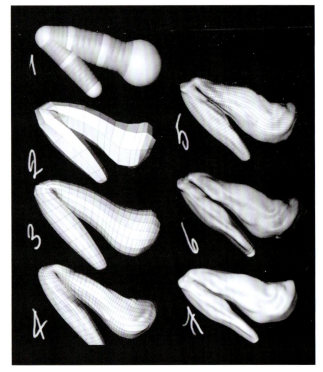

二、V3D 软件建模案例讲解

本节选出若干实例，使其造型在 v3d 中将造型建立起来，下面是 3 个实例，分别是电子产品、家具和装饰品的造型。

（1）分析概念草图方案后，我们可以做出一个等比例草模，根据草模，我们得出产品的具体尺寸结构数据，并做出精准的三视图。

（2）我们将先前的产品尺寸三视图，导入三维数字软件（也可以直接在三维软件中绘制三视图）。根据二维视图，我们首先对其结构外形线进行一下分析，筛选出重要的结构线，并组织产品建模思路。

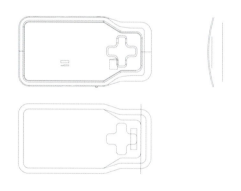

（3）选出产品外部轮廓线，利用 EXTRUDE 拉伸命令，获得一个产品外轮廓立面 A。

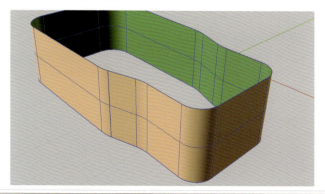

（4）绘制产品中唯一的双曲面（即顶面）的趋势面 B。

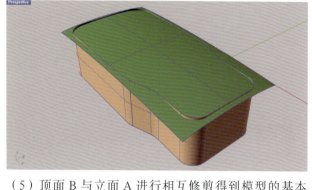

（5）顶面 B 与立面 A 进行相互修剪得到模型的基本体块。

（6）在顶视图和侧视图对顶面 B 和侧立面 A 分别进行裁切，之后，用 BLENDSRF 命令生成 A 面和 B 面之间的过渡区面 C，在生成 C 面的过程中，调整各项参数以确保过渡平顺和生成的曲面精简。

（7）将形体沿厚度方向切分为三部分实体，对上面的两个部分使用实体倒角工具，模拟实际的分模效果。最下面的部分需要重新制作，所以在提取出其轮廓线之后，将其删除。

（10）再利用修剪和倒角等命令，对下壳进行修整。这样产品的形体造型就制作完毕。（视图中是产品下壳底面的展示）

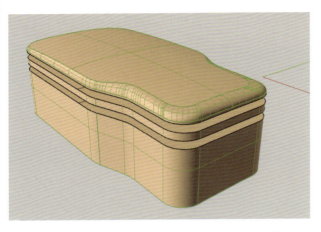

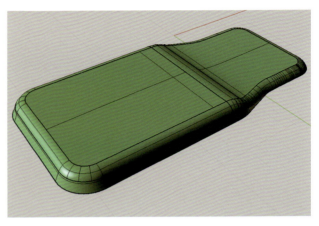

（8）使用OFFSET工具将提取出的下底边向内偏移，之后选取上下两条轮廓线，调整到合适的厚度。

（11）利用修剪、切割、布尔等命令完成细节部分的制作。如在制作十字按键时，首先在顶视图中画出按键的轮廓。

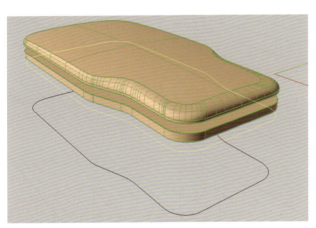

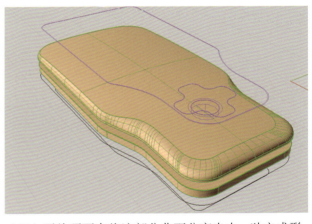

（9）使用LOFT命令，生成模型的下壳。

（12）再从顶面中将这部分曲面分离出去，独立成形，形成按键的结构。

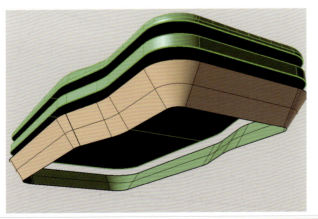

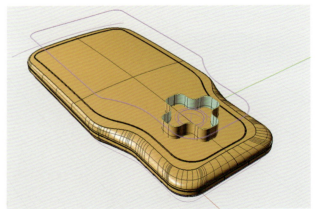

（13）依次制作出按键、屏幕、开关及接口等部分，最终形体效果如下。

选择一款认可度比较高的产品进行临摹，是提升对曲面理解能力比较高效的手段。以下，我们来分析一个鼠标的建模过程。

（14）简单渲染得到的结果如下。

（1）为了能够更准确地临摹产品，需要事先准备好三视图，或者产品的图片等资料，作为建模的参考。如果是自己拍摄的图片，除了要把拍摄角度尽量处理成正投影视角以外，还要把个个视图的尺寸对应关系匹配好。把这些图片作为背景，放置到软件对应的视图中，通常顶视图和侧视图中，背景图片应该沿坐标中轴线对称放置，前视图中图片的左下角点对齐到坐标零点上。

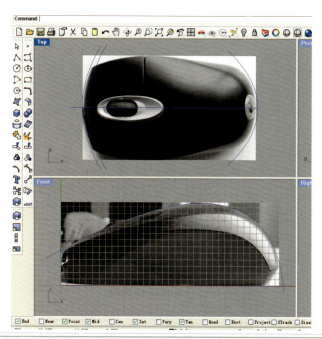

（2）一组好的背景参考图片设置，是建模成功的基础。但最关键的还是对产品曲面关系的理解，甚至可以通过手绘草稿的方法，来更好的分析产品的分面情况。比如再这个案例中可以先把一半的鼠标简单地分成三个主要的大面，其他的细部结构则在这三个基础面上进行切分和重建。对于消隐线或面的把握则需要通过大量的练习来积累经验。

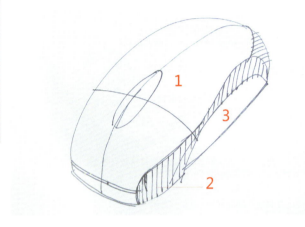

（3）分析完产品的曲面关系后，立刻进入建模阶段。根据背景参考图，我们尽量用节点最为精简的曲线，来搭建曲线框架。

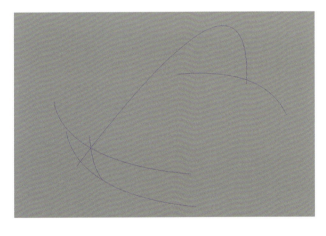

（4）使用 SWEEP 1 RAIL 命令，将线框生成曲面。将生成的两个面之间进行倒角之后，我们就得到了三个基础面中一号面的趋势面。（基础面也通常是趋势面，即是说在建模的初始阶段，我们要依据的是产品表面的走向和趋势，而不能简单凭借眼睛观察到的物体轮廓线，就想一步到位地把最终的曲面效果直接生产出来，这一思路对于初学者是至关重要的）。

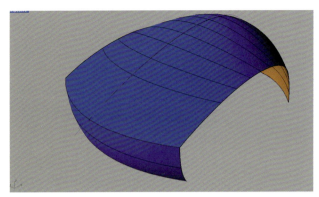

（5）在顶视图中，按照鼠标上表面的轮廓和走向画出曲线，用这条曲线配合 split 命令，将一号面从它的趋势面中切出来。

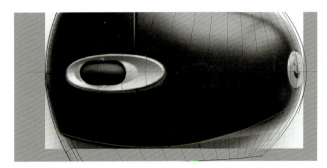

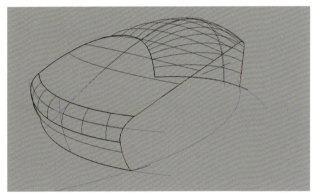

（6）三号面的制作方法和一号面基本相同。也是先画出鼠标底面的轮廓线和侧面的趋势线，一条作为截面线，另一条作为路径，使用 SWEEP 1 RAIL 命令生成三号面的趋势面。

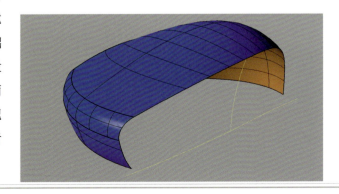

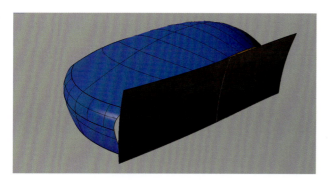

（7）之后，在前视图中依据背景照片上结构线的位置画出一条曲线，用这条线去切割三号面的趋势面，得到鼠标的三号面。

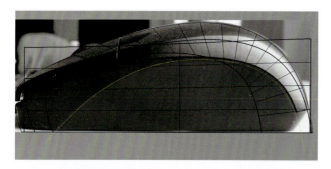

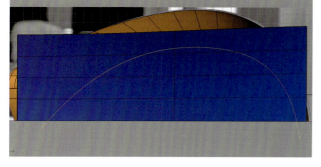

（8）二号面用 SWEEP 2 RAIL 命令生成，两条轨迹分别是一号面和三号面的边缘线，截面曲线则根据鼠标底视图的形状画出（生成出来新的曲面和原始两个曲面之间用 G0 连接匹配）。

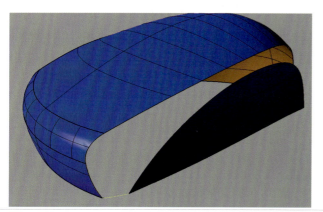

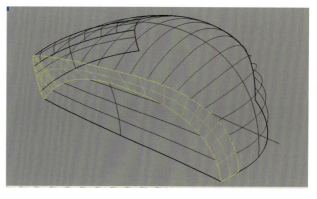

（9）在这一范例中，可以把消隐面理解成一个从窄到宽的曲面，窄的一端看起来是一个比较硬的棱线，逐渐变宽的一端则能够和其他的曲面平滑地融合在一起，看起来好像这条棱线逐渐消失了一样。制作方法是，首先提取一号面的边缘线，并将两端适量地加长一些。使用 PIPE 命令使这条曲线生成一个从粗到细的管子，用管子去切割一号面和二号面，切掉的部分和管子一起删除即可。

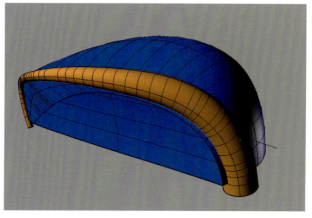

（10）切割出来的这个由窄到宽的缝隙，就是消隐面的位置。先用 BLEND CURVE 画出首尾两条截面曲线，之后用 SWEEP 2 RAIL 命令生成曲面。

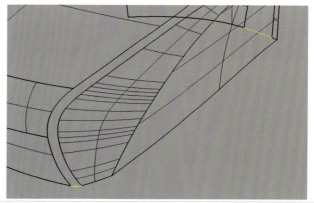

（11）但这次在使用SWEEP命令的时候要注意，新生成的曲面要和原始两个曲面达到G1以上的匹配关系。这样鼠标的基本形体关系就制作完成了。

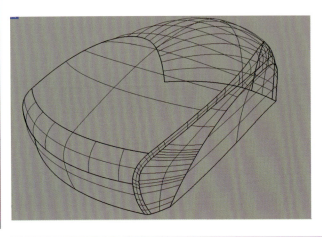

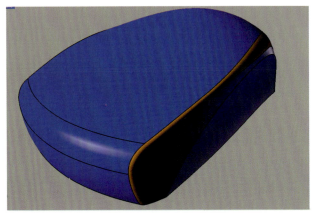

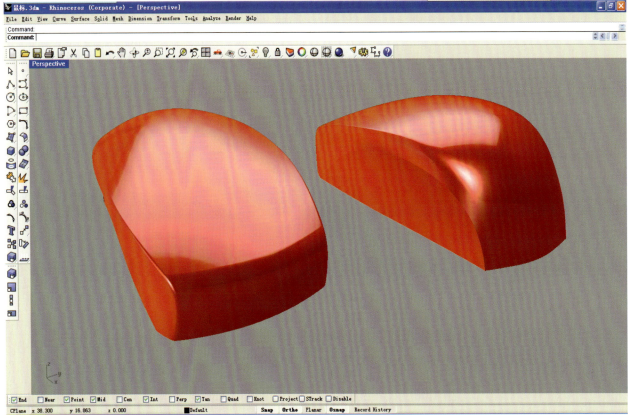

思考与训练

思考题：

1. 在R3D中，如何对设计出来的造型进行制作，应采用何种方法制作？如何制作？

2. 在V3D中，应使用什么软件建模？应采用何种方法制作？采用何种顺序建模？

第四章 形态造型三维探索与设计

●内容概述

1. 表面功夫
   视觉触觉
   肢体触觉
2. 方案求证
   材料研究
   功能研究
3. 直接建造
   三维造型
   直接塑造

●教学重点

产品造型特点表现
产品表面材质表现

●学习难点

造型在物品设计各个阶段的功能作用的重点

●学时计划

课内合计学时：16 学时
（理论 8 学时，实验 8 学时）
课外研修学时：20~40 学时

下面的表列述第一节的框架内容和相关链接。在产品设计中所说的产品只是物体所经历的一个阶段。那么广义上讲，产品从设计出来到最终，会经历几个阶段：

在以上过程中、由于造型所处的阶段不同、需要针对的特点与需求会有所不同。设计物品从无到概念设计阶段、设计生产阶段、运输销售阶段、产品使用阶段、产品报废后的回收与再利用阶段。这个过程中，产品是从没有形态的，到最后的还原为物质，这之中需要经历很多环节，并且每个环节都需要进行相关的认知、学习和训练。

	侧重	形态的功能	形态表象	所处环境	造型要求	相关训练
无	叙述 陈述	意识形态	思考 无实物	思维层次		
概念	解决问题 创造方式	模糊 至 具体	草图 模型	二维层次 三维层次 推论层次	多样态 可供参考	造型手绘训练 造型建立训练
方案	原科 生产 效率	强度 效率 组装	零件 辅件	生产环境 工作车间	低耗高效	生产知识训练
产品	渠道	运输	货品	运输过程 储存过程	低耗高效	造型连续性训练（造型连续性案例）
商品	展示	展示	样品	展示场所	展示效果(苹果产品案例)	造型展示训练
用品	使用 储存 触感 对立面	效率 存放	用品	使用环境	触感（视觉触觉与肢体触觉）	材质训练
废品	环 保 节 能 低 碳	排除 再利用 变为原料	垃圾 废品	拆分场所 回收场所		

左侧标注：形态产生功能 生产 销售 使用 报废

例如：造型连续性训练

运输作为产品的一种特性，在产品的设计的时候会主要考虑产品本身的造型，那么在本节中要考虑包装、运输的因素，这里一个要研究造型匹配的问题，也就是如何进行产品包装，另外就是产品包装的造型连续性的问题，在有限的空间中如何更多放入更多的单体以便节省成本。同时还要考虑产品包装后消费者如何进行运输，携带等问题。

第一节
表面功夫——视觉触觉与肢体触觉

一、视触觉与肢体触觉（触感训练）

（一）视觉、触觉研究

在三维造型创造研究的时候，造型本身和人会有相当程度的接触，在与人接触的过程中，物体表面的造型构成（表面肌理）会对人产生不同的影响，这里的影响包括两个方面，一方面是视觉触觉，另一方面就是肢体触觉。

（二）触觉感受

材质上的触觉感受就是人的皮肤接触造型物体的感觉。包括造型物体的体量感和表面材质。这里就表面材质结构而言，人眼在视觉上接触造型物体的时候，会对物体表面的材质产生心理感受。虽然，人体和物体没有直接的接触，但在人脑的记忆里会对类似表面材质的物体的触摸感受做出相同的反应。如两个物体的造型相同，但是其表面构成（肌理）不同的时候，比如手机表面选择同样的塑料材质，一个是表面光滑，另外一个是表面仿做皮质处理。虽然，没有直接接触这两款手机，但心理上的效果会是：光滑的手机表面会比表面皮纹处理的手机感觉在硬度上要更硬一些，这种结果又经常会被用在表面肌理的研究中。

表面肌理实际上就是有效造型的自重复过程。在这个过程里，单元的表面造型会用自重复和自相识的方式进行方式上的变样，而自重复和自相似的变化重复又被用于分形艺术的领域中。在分形领域中，更加明显地看出这种变化。

连续性装配训练

连续性造型

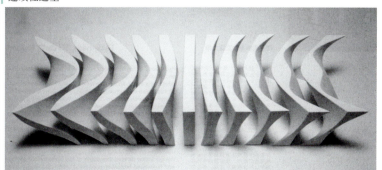

连续性造型的产品图片

在表面造型时肌理的研究对于整体造型有一定的推动作用，但由于这种视触觉经验是由体触觉（身体真实触摸）引起的经验记忆，所以在研究的过程中其方式就是进行直接的触觉体验。体触觉就是物体与人体接触的实际感受。感受会形成直接的记忆进行存储。感官上的接触带来的记忆是深刻并清晰的。如在触摸绒毛或者表面纹理大的物体，一般都是靠手来进行，人手肌肤表面存着数量庞大的触觉细胞，会将具体信息直接反映到大脑进行记忆存储。在具体的设计过程中不仅仅对大的造型进行设计，针对物体表面触觉进行设计也同样是设计过程中的一个重要方面。

在探索的过程中不仅需要一定数量的实验，还需要将触觉实验的结果在纯粹视觉感官测试中进行检查，修正过程中的错误方向。这里也不仅仅只从R3D入手，也要从V3D进行相关的验证。在V3D中，模拟各种表面的肌理就显得相对简单。

2.5维造型分为两种：表面处理和编织

表面处理是指将物体表面进行造型，目的是产生不同的视触觉效果和肢体触觉效果，通常会采用图形或者图案的方法进行构建，层次再深入一些的会采用立体造型的手法进行研究和探索。

材质表面处理所针对的不仅仅是实际的物理效果，在产品设计中，更多的是针对视觉触觉效果。例如造型相同的手机，将其表面材质设计成为不同材质的表面。例如，将塑料表面做成镜面金属效果、拉丝金属效果、磨砂金属效果、钢琴漆塑料效果、亚光塑料等等进行研究。

表面编织，是一种材料间的组织构成形式，是以相对固定的规律将相同的基材组织在一起形成的形态造型。这种组织形式，材料呈片状或者条状。片状是以卡扣索套等为基础结构，以摩擦力为连接原理。

表面材质造型玩具

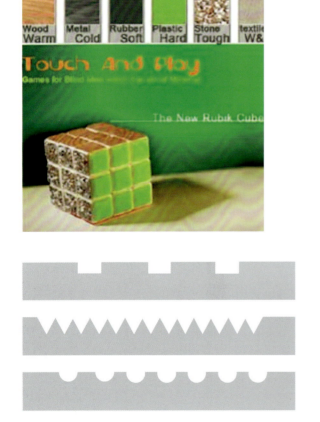

表面造型表面效果

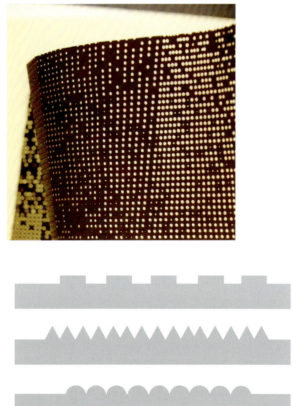

案例欣赏

复合材料肌理材质示意　　　　　　　　　单一材料肌理材质示意

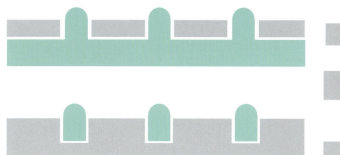

条状编织效果

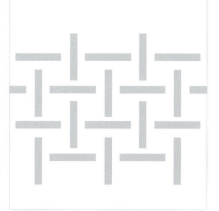
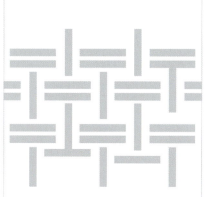
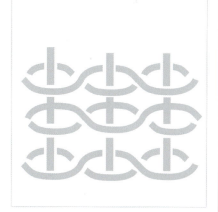

美国普瑞特学院研究项目

使用天然的低能耗材料，对建筑空间的新应用进行探索，扩展了产品的应用潜能，包括从单一的窗口遮盖物研究发展为声、光、热特征的建筑空间分割。研究包括开发融入轻质材料的编织术，以实现独立式的材料配置方式。材料的基本现象和环境的反应提出了美、透明、公开与隐私的文化概念，以及对光线进行控制。

▎视触觉研究与应用

利用工业机器人，进行材料处理、研磨和水注式切割。利用大理石的厚度和坚固性表现其表面以下的深度，结合大理石密度和纹理的变化通过高强度加工得到半透明和明亮的效果。

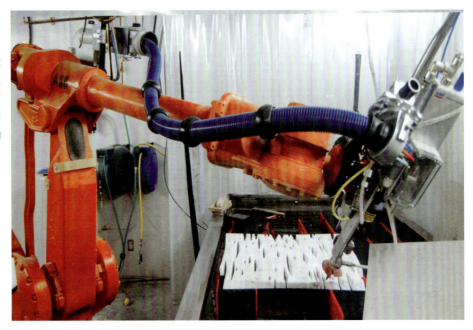

▎材料截面与照片

视触觉研究与应用

　　该项目是美国南加利福尼亚建筑学院的建筑研究项目。通过调研二维半空间所展现的机会，探讨连接的体积表面怎样才能通过材料和几何形状产生情感影响。通过研究表明，有可能通过表面调控和应力的表达，具体表现一种感知的温柔。上述影响在于浮雕的有限深度，并且不依赖整体的形式存在，可以实现装饰与现代建筑的结合。

表面肌理在建筑表面的应用

表面图案在产品表面的应用

展示效果案例:

苹果手机与苹果电脑后部弧形曲线对展示效果的影响。

从下图左边不同款式 ipod 的侧面图片可以看出,苹果手机在更新换代的过程中,采取了背部曲面的变化作为其主要的特征,这种曲面的变化直接导致了其表现效果的不同(本案例主要指在自然光线下的立体感)。下图左侧的是旧款的苹果手机,其背部曲线呈现为两个平面直接倒圆边,中间部分为直线,转折短,侧面和背面的过渡突然,产生的效果是整个背面的效果为中间部分是简单的渐变光影关系,四周的光影变化紧促,整体的视觉效果层次集中到四周部分,分布的比例不均,视觉上给人唐突的感觉。

下图右边的是后来的一款设计的侧面与背面的图片,和左边不同的是,产品背部曲线转折的部分很长,这样就会产生比较长的过渡阶段,从而使背部的光影关系产生比较长的过渡,在视觉角度看起来会比较平缓,没有把明暗的变化集中在四周,而是分散在转折面的一定宽度的区域,没有突然的转折,比起左边的那一款圆润得多。视觉效果更加均匀、圆润、平和。

从近几代苹果笔记本电脑的边缘曲面设计的变化也可以看到产品表面的曲面在与光线的配合下，产品造型所表现的效果的变化。在苹果笔记本电脑边缘的圆弧收边处理，从开始的简单变化到后面的复杂变化，表现出产品设计在造型设计上曲面的变化必须要结合光线环境，出现不同的表现效果。这里苹果笔记本的边缘处理随着加工工艺的发展，达到了整体材料切割直接成型，不再采用分片组装的方式，也就将平常产品中的缝型线的数量减至最少，获得了更好的视觉效果。从最初的相邻平面倒圆边的方式到采用缓慢过渡与折边结合的样式。后者更能体现造型节奏和力度感，没有以往软绵绵的感觉，出现了刚柔并济的视觉效果。同苹果手机不同的是，笔记本的边缘处理是组合的，由上半部分的显示屏和下半部分的机身组合而成。所以在设计的时候会将造型做整体考虑，最终达到视觉上的完美。

第二节
方案求证——造型材料功能实验研究

一、人因工程 尺度训练

产品设计过程中必然与人产生关系，存在人机界面。在设计的过程中，会对这方面的因素进行研究和实践，以期得到有效的结果，所以在设计的过程中，需要对物体的体量（体积和尺寸）进行研究，在研究的过程中，并不一定需要把所有的造型都制作出来，只要对其中和身体接触的部分（或者频繁接触的部分）制作出来，再进行实验，保证在实际使用的过程中的效果就好。当然，人体的视觉接触也需要研究。

在制作尺度模型的时候主要是满足使用的要求，在材料上一般会要求质轻、易加工的材料，例如，木材、泡沫等材料，在造型形体上首先满足肢体需要。下图是满足手部肢体特征进行的造型模拟模型，旨在模拟造型设计后手部与造型使用的感受和效果，在得到适当的修正和满意的测试结果后，才会制作表面细腻的模型满足其他测试。

再例如汽车设计过程中，对于汽车内部空间的设计的时候，并不把整个的车体外部造型制作出来，而只是把外部造型用框架的形式制作出来，只有内部才会细致地制作，这一点符合设计研发过程中的经济原则。

二、机械属性 进行机械结构的运动训练

在产品设计的过程中，经常需要机械运动等利用部件间的相互作用产生功能效用，在这个过程中就必然需要对这种物理运动的过程进行分解、设置等内容。在这个过程中需要使用模型进行试验。

原理模型的制作实验

本设计案例所有活动将以形态研究为主导而进行。由于产品研究使一个普通设计师成为这个行业"专家"，他能以专家的眼光来决定他所要设计的产品的目标，应该采用什么样的工作原理，如何引进最新的技术改造过去的工作原理，及该产品的功能定位。由此进入设计研究。

工作原理的评价

对完成产品功能的工作原理加以修正，推出新的工作原理，完成新的功能结构方式的评价。完成工作原理的结构方式及材料应用的评价，提出更简便的新结构方式及材料应用来保证工作原理的实施。

完成新产品的工作原理及结构方式方案，完成基本工作原理、结构方式的装配图纸和外观效果图，作为该阶段的成果输出，以便进行评估。

粗略产品模型让设计师体验人机关系

椅子中心机构原理结构研究图纸

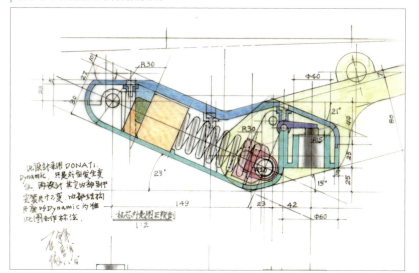

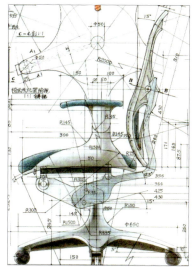

产品结构的细节研究（结构原理研究）

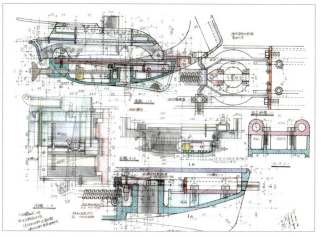

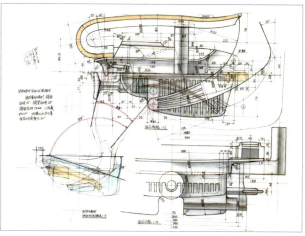

材料实验

新材料及新技术应用的可行性研究，并根据产品的需求提出对成型方法及材料特性的要求，委托专业单位作材料的改良性设计及开发研究，完成新材料的试验报告，作为材料研究阶段的输出成果。

座椅与脊椎关系研究

此为德国标准 DIN95% 人与椅之间的关系，主要研究脊椎与座椅后靠背曲线，以保证坐姿工作时，骨盆仍处于自然状态，腰点支撑的曲线

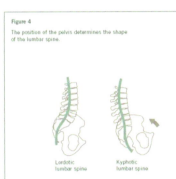

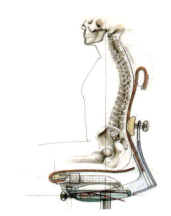

核心部分工作原理与结构方式的实验研究，验证其原理、结构方式及工艺的可行性。

原理结构模型制作

新椅子 1：5 模型制作 1、2、3、4

第三节
直接建造——三维空间直接建立造型

在设计过程中，一般的设计过程都是由二维转化为三维的过程。在这个过程中，采用方便简易的二维表现的手法是方便快捷的。在大部分的产品设计中，都会采用这种造型的转化过程。二维表达是非常方便的表现途径。

具有以下优点：

1. 工具简单

2. 技法掌握容易

3. 记录表现容易

但是并不是所有的设计和设计师都适合采用这种设计过程。二维手法表达的造型同时具有一定的局限性，不仅表现在单一视角的观察问题上，还体现在造型的观察调整的过程上。二维表达的时候为能够表现出造型的真实性，会考虑到透视、视角、光影变化等等问题。这些会分散造型设计初期精力的集中，使用二维的角度进行修改在某些角度会很困难，但是，使用三维表达的方法可以直接修改并且及时观察到修改

的效果以提高工作效率。

因此在研究丰富的、复杂的、微妙的造型的时候，可以考虑直接从空间中直接建立三维造型进行设计与研究。直接建立三维造型的方式需要很好的空间感觉和快速搭建的能力，由于没有被二维表达造成精力分散，在造型的初期没有办法很快地观察到造型完成的效果，需要很好的耐心进行雕琢，这个状况就好像在用材料进行直接建造。对于空间造型要求比较高的造型有很好的效果。

三维物体的设计不可能只存在于二维空间中，它必然是在三维空间被设计，在三维空间修改与调整直至成型。无论其二维的表达有多么真实、美观，都无法取代三维的验证，所以，三维物体必然以三维的方式进行设计。无论造型是直线型还是曲线型，都可以进行直接设计，并且效率会更高、效果会更好。

学生在进行直接三维造型创造的模型图片

学生直接创造三维造型的模型图片

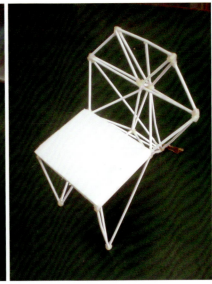

思考与训练

思考题：

1. 视觉触觉与肢体触觉的关系？如何验证需要的触觉效果？

2. 在产品设计中如何对所处的环境以及所处的光的环境进行适应？

3. 材质表面肌理的作用？

4. 如何使用快速材料，利用快速造型方法建立造型进行设计研究？

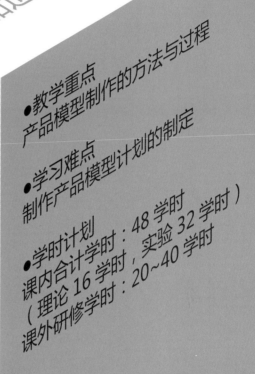

第五章
产品造型的三维表达

●教学重点
产品模型制作的方法与过程

●学习难点
制作产品模型计划的制定

●学时计划
课内合计学时：48 学时
（理论 16 学时，实验 32 学时）
课外研修学时：20~40 学时

第一节
矩阵演出——产品模型的种类功能

一、理论阐述

因产品在不同研发阶段所需要的三维表现目的不同，导致其三维表现的手法也不同。在工业设计领域通常用到的产品三维表现除了计算机 3D 技术虚拟渲染外，真实"物化"的模型主要包括外观模型、原理模型和样机三种。

（一）外观模型

外观模型顾名思义，是被用来验证产品外观造型设计因素的三维模型，因此其内部结构因素的表达允许被忽略，在侧重艺术的工业设计行业中，绝大多数三维模型都属于外观模型。

外观模型的评价标准是能够准确、生动而形象地表达出产品的造型、体积、表面色彩和材质肌理（包括触感）等，有的时候，外观模型还要精确地表达产品的重量和重心（如拿握时的分量感），以及与外观相关联的可活动部件等（如用来验证人机工程学方面的合理性）。

（二）原理模型

原理模型主要应用于验证产品的功能原理、材料结构强度等，其表达重点在于内部的某项技术因素而不是外观审美因素，有的原理模型甚至仅仅需要制作产品的局部即可。原理模型还可以被用于教学培训和宣传展示等目的与场合。

原理模型的评价标准是应制作目的的需求，精确严谨地按照设计图纸所标定的材料与零部件（包括规定标号的螺丝、螺母、轴承等）、尺寸和结构装配组建而成，能够为某一功能原理提供不仅物化，而且量化的研究依据。

（三）样机

作为该产品投产上市前的最后验证环节之一，样机往往在产品研发设计的最终阶段登场亮相。样机既是包括内构的外观模型，又更加趋近于批量生产的产品，所有批量生产产品上的内外因素都应该在样机上一一体现，包括表面的喷涂、标识丝印等工艺指标甚至其包装规格等都应该被考虑到。

样机的评价标准可以被理解为外观模型和原理模型的统一，既要供人进行视觉、触觉上的考量，又要对所有功能进行展现。

外观模型

原理模型

二、 外观模型、原理模型与样机的关系与区别

虽然外观模型、原理模型都是围绕一件产品的三维表现，但是他们之间又是不同的，除了根本制作目的上的区别外，尚有从属关系和先后关系的区别：

当被研发的产品属于常规性产品时（如现有绝大多数民用产品的改良设计，其内构早已被行业化甚至标准化），外观模型在整个研发过程中占据主导地位。为了配合一个完美的外观视觉效果或手感，对产品的内部构造进行反复修改和验证是必须的。我们通常所接触的家用电器、手机、掌上数码产品甚至包括主流民用轿车、摩托车等都属于此类。设计师在构思起初，需要先拿到来自工程部的详细内构图纸，或诸如电路板、汽车底盘架构的实物等，设计方案定型后，还可以直接在该内构基础上制作外观模型。由于市场竞争的因素，会导致该类产品的外观越来越重要，因此其内构（原理模型）不得不在一定程度上为外观模型让步，著名的时尚 IT 产品领军者 Apple（苹果）的每一次新品发布就是一个典型的例子，许多 Apple（苹果）产品的创新技术都是为了其别具一格的外观构思或操作的手感而诞生。

当被研发的产品属于非常规的、此前无据可依的全新物品或概念产品时，我们需要从开发目的出发来决定三维表现技法的选择，如果仅仅是为了外观，即可选择外观模型，如果重在功能原理（如特种设备、军用战机、能够上路行驶的概念车等），则需要先选择原理模型，此时外观模型必须在总体上服从于原理模型。样机相当于外观与内部原理和机构的综合，可以被看做是外观模型与原理模型的最终演化结果。

样机

苹果公司产品

第二节
运筹帷幄——产品模型的制作策略

在开始制作三维模型的时候，我们手头上所拥有的仅仅是二维图纸或虚拟的 3D 模型资料，如何把这些资料变成"看得见又摸得到"的实体，不仅需要动手制作，更需要事先动脑去分析和计划。相对而言，多数原理模型的制作比较线性和直接，按照各项工艺指标搭建即可，偏重于机械、电气类的加工和验证，而要想得到一件精美的外观模型，就必须通过巧妙合理的分析和计划，这也是接下来要讨论的主要内容。

在外观模型制作的过程中，任何二维的信息都需要通过三维立体形态的形式表达出来，而我们很难将其一下子就变成面面俱到的真实物体，这就需要一个将二维构思逐步拆解、并演绎到最终完成品的过程。在这期间，产品的造型特征、各部件结构与装配关系、表面色彩与肌理、细节处理、放置环境甚至光影效果等因素都必须有周详的考虑，一些设计的细节也往往需要适当修改或调整。

制作外观模型前的分析是为了确认并选择合适的材料、加工工艺，并确定制作和装配的先后步骤。有经验的设计师可以为此制订出比较详细的工作计划，包括每一步骤的相关材料、费用、时间等都能清楚地估算出来，因此建议初次接触模型制作的学生也要制订工作计划，并在此后的制作过程中通过笔记、拍照等方法来记录，以此积累制作经验。

材料的选择是第一步骤，需要根据设计方案所展现的整体外观形态、零部件数目及各零部件的形态、装配等特征进行分析和选择。例如：几何面型单一、装配要求严谨的外观形态通常使用木材或塑料板材来加工；曲面多且复杂的外观形态则可以选择油泥或石膏等来加工。确定制作的材料和加工工艺后，需要确定整体形态以及各个部件的三维尺寸和具体加工步骤。

| 汽车案例

请注意这里所指的部件是制作外观模型的部件（或单元），并非批量生产产品的部件，前者是根据产品外观特点、加工装配的便利性来分形的，而后者则需要考虑制造成本（如模具）和结构强度等诸多因素。在确定形态、尺寸和加工步骤时，比较常用和可行的分析方法有如下两种：

（一）借助计算机二维或三维软件来进行。如在SolidWork、Rhiniceros 或 AutoCAD、CorelDraw 等软件中按照 1/1 或其他等比例的设定绘制出加工件的三维尺寸和信息，并具体落实到每一块零部件的形态、大小等，将其在计算机上虚拟装配无误后，分别编号、打印，作为下料和制作的依据。机构复杂、零部件多的模型甚至需要制定工序表，以免后期制作展开后各零部件之间缺乏管理而造成的混乱（如对称的左壳与右壳等小部件就很容易被搞混）。该方法非常适用于使用木材或塑料板材来加工几何面型单一、装配要求严谨的模型。

（二）借助草模型来进行，该方法适用于对油泥或石膏等复杂的有机曲面模型进行前期验证。因为形态相对难以把握，往往需要在制作前使用油泥或橡皮泥快速地塑造出一个小比例的草模型，来估算正式模型制作所需的材料数量、先后工序和加工技巧等。在正式模型制作中，该草模型将始终起到辅助和引导的作用。制作产品三维模型的训练要求完全不同于二维表现，需要投入足够的时间和精力去动手，在反复尝试中积累属于自己的理性和感性经验。因此，制作前的分析虽然很重要，但最终需要落实到实物中去体现。

对于初学者来说，无论事前的计划多么周密，在实施过程中都有可能出现意料外的情况（如对接尺寸的计算有误、热压成型的操作失败等），除了制订工作计划外，对每一步骤包括失败案例进行详细的记录也是有必要的，将所用到的材料详情、工具规格、操作方法，甚至时间与环境都详细记录下来，通过与指导教师和同学间的交流分析，能够对迅速找出问题所在和解决方法有所帮助。

| 学生模型作

| 使用软件建模

| 模型制作过程

| 摩托车细泥模型制作过程中

第三节
金戈铁马——产品模型的物质条件

一、材料：

材料是产品模型制作的根本。从广义上来说，产品外观模型制作对所涉及的材料并没有严格的限制，只要能更加逼真地展现产品的真实形态即可，我们可以将其理解为综合材料及制作。

通常情况下，可按照产品外观形态的特征、模型类别（外观模型或样机）、模型的额外需求（如是否需要含有活动部件、可以打开外壳展现其内构等）来选择相应材料。由于原理模型更趋近于机械加工和机械测算，这里暂且略过。产品外观形态对于材料的选择起主导作用，与此相对应的常用模型材料分类如下：

（一）塑造类材料

可以通过手工塑造的方法成型的材料。包括雕塑泥、工业油泥、纸黏土、橡皮泥、陶泥、蜡等。这类材料通常呈粉末状或块状的固态，经过加水稀释或适当升温后软化，可以用来塑形。

塑造类材料为形态的创作提供了最大的自由度和最直观的体验，非常适合在创作之初制作草模型，使头脑中的构思逐渐明朗化。有许多产品设计师在进行诸如鼠标、遥控器等复杂曲面的形态设计时，都习惯于在画草图的同时把捏着一块泥来辅助思考。因为有着最大的便利和自由性，塑造类材料尤其适合制作复杂的曲面模型，如汽车、飞行器、游戏角色等，但不适合制作平板家电、板式家具等几何体形态模型。

（二）粘接类材料

粘接类材料以纸和塑料型材为主。有些情况下，木材（如木板）也可以用来进行粘接制作。粘接类材料必须经过事先的精确计算，然后裁切下料，并使用相应的黏合剂来组合成型。有的初学者在计算尺寸时往往忽略材料对接后的壁厚，这是需要注意的。常用的粘接类材料除了纸张以外还有 ABS 工程塑料（丙烯腈、丁二烯、苯乙烯）和有机玻璃（聚甲基丙烯酸甲酯，PMMA），这两种材料各自需要相应的黏合剂，在具体应用中还可以将它们适度地扭曲和热压后再粘接，为简洁而有规律性的曲面制作提供了一定的可行性。

亚克力（Acrylic）是一种纯聚甲基丙烯酸甲酯材料，它比传统的有机玻璃具有更加优异的透明度、光洁度和坚韧度，亚克力材料已经被广泛应用于仪表面板、车灯罩、光学镜片等的制造，也可以用来制作产品模型，但因其相对更加坚韧，加工曲面时难度要大许多，必须借助于大型专业设备，所以往往适合于直板形体的粘接。

粘接类材料最大的特点是能够轻松而且精确地实现整洁的几何大面形态，尤其擅长于用来制作较大较规则的几何形体或细小镂空的精致部件（如平板家电、手持设备等），但不适合制作复杂的有机曲面形态。

| 建好的数字模型 |
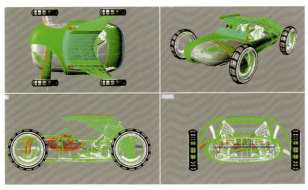

| 快速成型组装后的模型 |

（三）切削类材料

以石材、木材和固化后的石膏体为主，有时候在一件塑料（如尼龙棒）上也可以进行切削类的加工。如果说粘接类加工是在做加法，而切削类加工则是在不停地做减法，并且这一过程基本是不可逆的。我们常见的石雕、玉雕、根雕等都需要非常熟练的手艺和胸有成竹的事先构思才能保证成品的完美。即使是一块石膏，如果不小心切坏的话，要想重新修补也是很难的，而且其重新粘接部位的结构强度会很脆弱。在许多木制产品（如家具）的加工制作中，切削类加工占据重要部分。通常是先将木材切削成各个带有榫卯结构的部件，再使用砂轮机或砂纸对形态的表面、边角进行修磨，然后拼插组装。

切削类加工还适合制作细小精致的零部件（如雕刻小按钮等），但不适合用来处理大面积规则单一的几何形或面，所以在具体制作时单独运用到切削类加工的情况比较少，这一方法往往是配合塑造类成型后进行后期的加工和修整。

二、制作场所

这里所指的场所主要是放置和操作大型加工设备的场所，如机加工车间、实验室、模型室等，这类场所通常应该满足以下标准：

（一）布局与规划

标准的实验室应该包括动力设备区、手工制作区、喷涂区、样品展示区和材料储藏区。实验室通常需要配备专职实验员，尤其是动力设备区需要对人员的出入及操作设备的权利有所限制和规范。

（二）面积与空间

放置大型车床等380V动力电设备的实验室应该选择在建筑物的一层，不应有地下室，地面需要夯固处理，面积以80平方米以上为宜，室内净高度不应低于3.2米，如果需要安装天吊等设备，净高度还要适当增加。用于学生手工制作的场地应该满足平均每人4平方米的标准，室内净高度不应低于3米。

（三）基本配置

放置大型动力设备的实验室需要配有380V动力电源和220V交流电源并安装过载保护器，照明条件达到300lx。除了需要窗户等自然通风设备外，还应该安装排风设施以减少室内粉尘污染，实验室要有足够数量的工作台和工作椅，实验室应该距离大型水池或排水地沟较近，同时要对废水进行过滤处理后排放。消防灭火设施当然也是必不可少的。

电动、气动手工工具

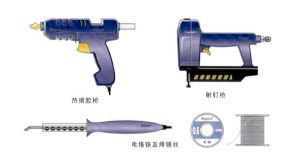

220V交流电手电钻　　充电式手电钻　　热熔胶枪　　射钉枪

角磨机　　砂纸机　　电烙铁及焊锡丝

手提曲线锯　　高速气动手风刨

三、加工设备

大型加工设备通常由380V动力电源带动（也有些功率稍小的设备使用220V交流电源）。这类设备的优点是加工能力强，成型精准，但同时其操作的规范性极强、必须熟练掌握操作方法，而且应该在有专人看护辅导下进行。大型动力设备适合用来加工精度要求非常高的规则几何形体（如方体、圆柱、圆锥和轴、钻孔、铣槽等），所涉及的材料主要有金属、塑料、木材。大型动力设备具体包括各类车床、铣床、立式钻床、刨床、锯床等。此外，还包括例如拉坯机、砂轮机、数字恒温烤箱、弯管机、剪板机、空气压缩机（俗称气泵）、电窑、等离子焊机或氩弧焊机等具有特殊用途的设备。

数字化控制（Number Control）加工，亦称CNC和快速成型（Rapid Prototyping）加工技术是大型动力设备里的新兴领域和未来发展趋势之一，通常用来进行更为精确细致的加工。

四、制作工具

从广义上说，制作产品模型的工具几乎是五花八门，没有严格的规定和限制。有时候一根竹牙签、一张扑克都可以被用来调制原子灰。本章节所介绍的只是最为常用的基本工具及其类型：

（一）电动、气动手工工具

包括各种手电钻、手风刨、角磨机、砂纸机等，此外、电烙铁、热熔胶枪、电吹风等也可以被包罗在内。电动、气动手工工具的加工精准性介乎于纯手工制作与车制之间，其最大的优势就是能够节省一定的体力，同时相对于车床等又具有一定的造型灵活性。

（二）手工工具

从手中的美工刀算起，产品模型制作所涉及的手工工具范围甚广，虽然没有任何动力辅助，却也最为小巧经济、最为直观方便。按照用途的不同，手工工具可以再细分为如下几类。

度量工具

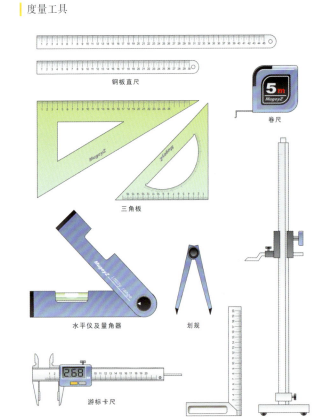

钢板直尺

卷尺

三角板

水平仪及量角器

划规

游标卡尺

直角规

高度仪

切制工具

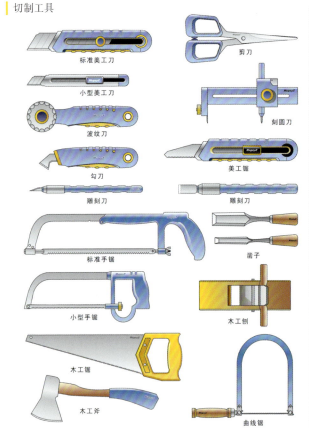

标准美工刀

小型美工刀

波纹刀

勾刀

雕刻刀

剪刀

刻圆刀

美工锯

雕刻刀

标准手锯

凿子

小型手锯

木工刨

木工锯

木工斧

曲线锯

1. 度量工具——用来测量工件的尺寸、有时亦用作辅佐加工的工具。常用的有直尺、三角板、游标卡尺、高度仪、量角器、水平仪和划规等。

2. 切割工具——用来切割下料。常用的切割工具主要有刀、锯两大类。刀包括美工刀（亦称裁纸刀）、勾刀、雕刻刀、各类剪刀以及诸如刻圆刀、斜角刀、波纹刀等特殊刀具；锯则包括标准手钢锯、小型手钢锯、木锯、曲线锯等。此外斧、木工刨、凿子、灰铲、泥塑刀、油泥刮刀刮片甚至医用的手术刀也会用到。

3. 修磨工具——主要被用来对塑料、木材、石膏体和部分金属的表面和边缘进行打磨和修改（如找平、倒角）。修磨工具包括锉和砂纸。锉多为钢和合金制成，根据形状不同可以分为直板锉、圆锉、三角锉等，修整精细部件的时候还需要有一套精致的什锦锉；砂纸里用得最多的是水砂纸，以编号（俗称目数）来进行区分，数值越大，砂纸越细腻。水砂纸应该蘸水使用以延长其使用寿命和降低室内的粉尘污染。

（三）装配及固定工具

用来对部件进行安装、调整、定位和拆卸。装配工具主要包括各种钳子、锤子、螺丝刀（亦称改锥，包括测电笔在内）、扳手、镊子。这类工具除了用来进行装配外，偶尔也可以另做它途，如修整一个石膏体时，螺丝刀也可以拿来代替雕刻刀使用；很多种钳子同时也具有夹断和修整金属线材的功能等。固定工具主要指各种规格大小的桌钳（亦称虎钳），桌钳一般都是安装在工作台或桌子的边缘，用来夹紧和固定工件。

（四）其他工具

主要包括粘接工具、耗材、漆料等：

1. 粘接工具——包括溶解性黏合剂（如用来溶解粘接 ABS、PMMA 塑料板的三氯甲烷）、环氧树脂类黏合剂和以 α—氰基丙烯酸酯为主要成分的快速黏合接剂（俗称 502 胶水）。

2. 耗材——诸如美工刀片、勾刀片、锯条、砂纸与锉、电焊条等

3. 漆料——包括修补表面的原子灰（亦称补土）、

| 装配及固定工具

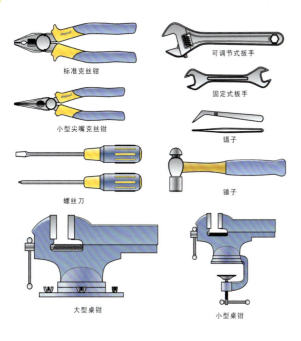

| 修磨工具

双组分底漆（用于聚氨酯烤漆）、硝基自喷罐漆、丙烯酸漆等。如果需要自行调漆和喷涂，还需要准备带有滤水格的气泵、气管、喷枪和烘烤箱、烘烤房等专用设备和环境设施。

（五）安全用具——劳保护具

产品模型制作不同于面对键盘和鼠标，电光火石之间，既充斥着创作激情也存在有不同程度的安全隐患，因此始终不能放松对自己和周边人进行安全防护的意识。如果在有大型动力设备的实验场所内进行制作，最基本的劳保护具包括安全帽、护目镜、防护服、劳保手套、劳保鞋或全包裹的硬底鞋等；长发女生需要束发，电焊时需要佩戴专用焊工镜和手套，喷漆时需要佩戴防毒面具。本书强调在进入实验室操作前，必须认真阅读相关实验室守则并服从实验员的管理。手工操作相对要简单和安全，但也需要提高安全意识。例如在使用刀具下料或切削的时候，过于疏忽也有可能导致受伤；长期保持一个操作姿势（如打磨和修锉）容易导致身体的局部劳损。

加工设备

车床　　立式摇臂铣床

立式钻床　　砂轮机　　弯管机

空气压缩机　　电子恒温干燥箱

其它工具 / 粘接工具

医用玻璃注射器

软毛笔

三氯甲烷　　丙酮　　ABS胶

三氯甲烷　　丙酮　　ABS专用粘接剂

胶水　　胶棒　　乳白胶　　502胶　　环氧树脂胶

其它工具 / 喷漆工具

硬毛笔

硝基自喷罐漆　　小型喷笔　　喷枪

第四节
火光之间——典型材料产品模型加工范例

一、范例 坐椅—木材切削、钢管焊接、装配成型

（一）理论阐述

在对制作材料、工具及其场地有所了解后，我们来具体了解几种典型产品外观模型的制作步骤方法。一件产品往往是由多个不同形态和材质的部件组合而成，在设计和三维表现阶段要始终考虑这些部件各自的成型工艺、装配步骤以及对最终完成后整体结构与形态的把握。初次接触三维实体的制作可以先从部件较少和成型方法较直观的产品入手。

（二）学习难点：

木材切削成型方法及制作中对形态尺寸的控制，简单模型的各部件表面处理和装配次序。

（三）案例分析：

这是一把非常典型的简约风格实木钢管椅。其部分需要采用整块的木材通过手工切削制作，钢管椅架部分需要按照图纸下料焊接成型。整件产品的形态简洁、实木部件的成型方法比较直观，易于在制作过程中把握和进行反复的修整，适合初学者参考制作。

（四）主要材料：

椅背、椅面和扶手分别需要准备尺寸适宜的实木，为了降低劳动强度和成本，可以使用质地较软的松木，此外需要准备方型不锈钢管、螺丝钉、垫圈若干。

（五）主要工具：

木工切割及修磨用具、氩弧焊机、弯管机、手电钻及装配工具。

（六）制作过程：

制作过程共包括四个部分：

1. 实木切削——椅面、椅背和扶手的制作。

2. 弯管与焊接——钢管椅架的制作两部分。因为钢材非常坚硬，在钢管椅架的制作过程中，任何尺寸上的误差都会导致很难解决的后患，所以需要严格根据设计尺寸来下料。该步骤难点在于钢管的焊接。

3. 假组与开螺丝孔

假组并非各部件的最终组合，而是在表面处理（如上漆）之前将各个部件按照装配关系对接在一起，由此来提早检查出它们之间的问题（如尺寸误差或互相干涉）并加以修整，假组在产品模型制作中经常用到。

4. 木工件的着色、上漆与装配

绝大多数木工件使用涂刷方法上漆即可，要求较细腻时（如镜面效果），可以使用喷漆的方法，但要事先对木工件进行精细打磨，通常还要使用立德粉或原子灰等进行赋底填补木材表面的自然纹路和缝隙；若要保留实木原有特征，可为椅面与椅背上透明清漆。

椅子视图

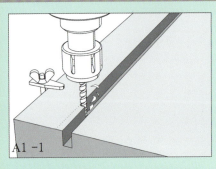

A1 -1

A1-1 先使用铣床在左右扶手的实木下方掏出容纳钢管的凹陷，该部分亦可使用木工凿子手工完成。

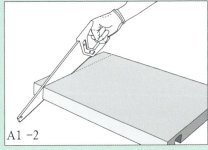

A1 -2

A1-2 根据设计尺寸将实木大致裁切成 原始形状的木胚。

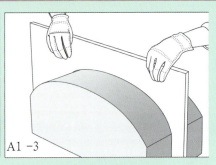

A1 -3

A1-3 使用电刨、角磨机、砂纸机等手持电动工具，对各木工件进行切削和修磨。这期间需要反复比照 CAD 图纸以保证形态的准确性。

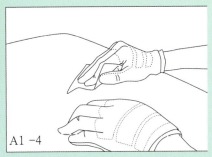

A1 -4

A1-4 依次使用 80#、160#、360# 砂纸进行整体的打磨以便于后期的上漆。

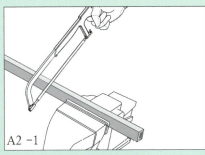

A2 -1

A2-1 使用标准手钢锯或电动切割机将钢管裁切至所需要的尺寸，需要考虑由锯片厚度和振动所产生的尺寸误差。

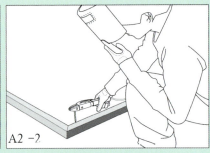

A2 -2

A2-2 使用小型氩弧焊机将钢管椅架焊接到一起，锉掉多余部分并适当修磨。建议在专业实验员的辅导下进行。

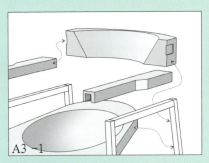

A3 -1

A3-1 通过假组来确定椅子的几大部件之间具体的螺丝固定位置。

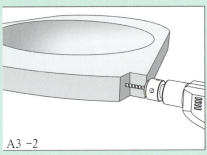

A3 -2

A3-2 使用麦克笔将螺丝孔位标记清楚，再使用手电钻分别将椅面、椅背和钢管椅架开孔。

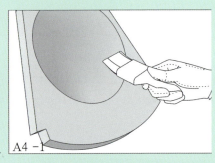

A4 -1

A4-1 将椅背、椅面和扶手固定好，使用涂刷的方法为其上清漆，不要涂刷过厚导致漆面流淌。上漆后，将工件在通风和日照良好的环境中静置至自然干燥。

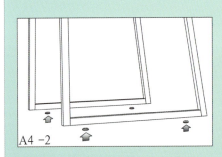

A4 -2

A4-2 装配。使用螺丝钉、垫圈和螺母小心地将各部件装配起来，扶手可以使用环氧树脂胶粘接到钢管椅架上，整个椅子的制作过程完毕。

椅子照片

二、范例 医疗数字助理仪——ABS、PMMA 塑料板热压及粘接成型

（一）理论阐述

由于人机工程学等因素的限制，许多小型手持产品都呈现出细致的双曲面有机形态，并含有精巧细致的小部件（如按键）。这类产品的模型制作方法除了昂贵的 RP 快速成型外，还可以使用油泥或 ABS 塑料板热压成型＋粘接的方法来手工制作。

采用油泥刮制的特点是简单易行，在整个过程中始终可以对形态进行直观的把握和修改，但缺点是如果产品体积较小，则不利于油泥工件的固定；此外油泥模型在后期的细节表现、着色处理、手感评价等方面相对没有优势，如果翻制树脂（Resin）外壳的话，会增加整个工作的复杂程度和制作成本。

采用 ABS 塑料板制作的复杂程度稍高于油泥刮制，需要掌握的重点及难点在于热压环节，由于最终成品的形态取决于热压模具是否精准，而在制作过程中无法直观地控制和修正，热压后也无法再随意变更形态，因此对于模具的制作和热压的操作技巧有一定要求。

（二）学习难

塑料板材手工热压成型工艺与方法；制作过程中对产品形态与尺寸的精确控制；模型部件喷漆与装配。

（三）案例分析

这是一款典型的手持数码产品，其造型特征也很有代表性。根据从创意设计草图到 3D 建模渲染效果的分析，这部助理仪整体呈简洁而规律性的有机曲面，细致部件并不多。综合考虑到该产品的简洁形态、单一结构、体积大小、以及方便于后期处理（甚至包括安装内构机芯的可能性），可以采用 ABS、PMMA 塑料板热压成型加粘接的方法来制作。

借助 CAD 软件分析，该产品模型共分为四个主要部件：屏幕保护盖、上面板、下面板和十字按键。其中屏幕保护盖与上面板因为同属于一个有机曲面，可以使用同一套热压模具。为了对产品的形态有一个直观的感受，可以刮制一个油泥草模型来作为参考依据。

（四）主要材料：

这款医疗数字助理仪包括三块需要热压成型的部件：屏幕保护盖、上面板和下面板。屏幕保护盖要求磨砂半透明，因此采用 1.2mm 厚的褐色 PMMA 有机玻璃板压制；上面板和下面板采用不透明的 1.2mm 厚 ABS 塑料板压制。所准备的塑料板要在考虑工件曲面展开后的面积基础上，再留有一些裁切余地，以免整块工件因为后期尺寸不足而报废。

（五）主要工具：

勾刀、美工刀与雕刻刀、木工锯与木锉、什锦锉与砂纸、钢板尺、手电钻与手提曲线锯、镊子及黏合剂、着色工具。

（六）制作过程：

1. 制作热压模具：

该步骤的重点是得到精准的热压模具，为了保证成型质量和耐受多次操作（屏幕保护盖与上面板各需要一次热压，而且一次热压未必能够成功），建议使用坚实的木方作为凸模，密度板作为凹模。

2. 塑料工件的热压和裁切、修整。

3. 镂空及按键加工。

该环节的难度在于分别为上盖和屏幕保护盖掏出镂空。对于手工技巧的细致程度和耐心都是一个考验。

4. 表面修磨、喷漆及装配。

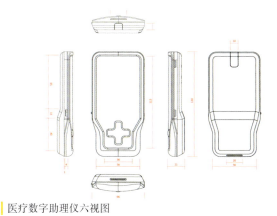

医疗数字助理仪六视图

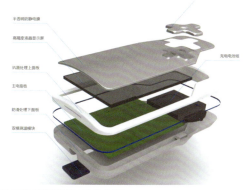

医疗数字助理仪透视结构分析图

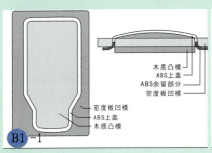

木质凸模
ABS上盖
ABS余留部分
密度板凹模

密度板凹模
ABS上盖
木质凸模

B1 -1

B1-1 首先制作凸模。使用手锯、木锉等木工工具将木方修制成型。凸模的外尺寸要减去塑料板材的厚度;同时其高度要大于成品件的高度,为热压后的裁切和修磨留出余地。

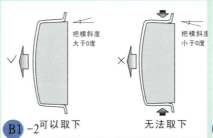

把模斜度大于0度

把模斜度小于0度

B1 -2 可以取下　　无法取下

B1-2 若凸模的拔模面较长,则要留有较大的拔模斜度,否则冷却成型后的塑料工件将卡在凹模上难以取下。

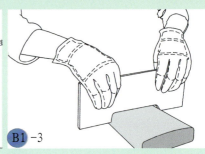

B1 -3

B1-3 使用卡板来检查完成的凸模形态。

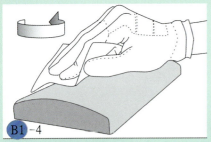
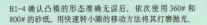

B1 -4

B1-4 确认凸模的形态准确无误后,依次使用 360# 和 800# 的砂纸,用快速转小圈的移动方法将其打磨抛光。

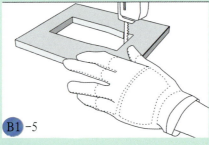

B1 -5

B1-5 制作凹模。将顶视图打印粘贴到密度板上,使用手提曲线锯掏出大概的负形,再使用木锉修整至准确的边缘,边缘要适当地倒角以避免过于锋利刮花塑料工件。

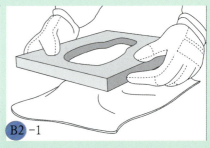

B2 -1

B2-1 将塑料板材均匀加热到 160 摄氏度左右开始软化时,迅速取出并摊置于凸模上,使用凹模一次性压紧,同时按压板材中央部分使其完全贴合,没有残余空气。

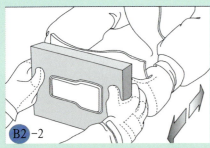

B2 -2

B2-2 待工件彻底冷却变硬后,小心地将模具打开并取下工件,如果工件依旧烫手可以将其浸泡在冷水中降温。

B2

B2-3 使用手锯或台式砂轮机将工件的多余部分修整掉,依次使用锉和砂纸将其修磨至符合形态标准。屏幕保护盖、上面板和下面板三块工件均需要采用同样的方法热压并修磨成型。

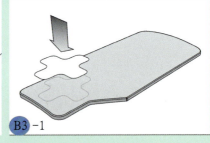

B3 -1

B3-1 为屏幕保护盖掏出十字按键形的镂空,将十字按键的俯视图打印后使用双面胶固定到相应的位置上,使用尖利的划规小心地标划出要镂空的边缘线。

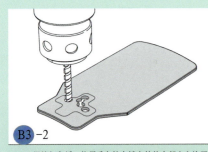

B3 -2

B3-2 揭掉打印纸,使用手电钻在镂空处的内部小心地开孔,距离边缘线要稍远一些以免不小心钻头越线。使用什锦锉,将十字镂空的边缘修整至符合边缘线。

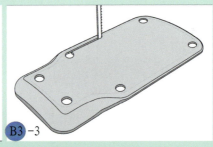

B3 -3

B3-3 沿用同样的方法为上盖掏出镂空,在边缘顶角处钻孔后,可以使用小锯条或勾刀将镂空部分裁切下来,然后修整边缘并磨锉出斜边。

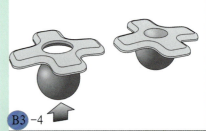

B3 -4

B3-4 制作十字按键,使用 4mm 厚的 ABS 塑料板裁切并修磨成型。中央的球面部分可以采用电钻开孔 + 鼠标轨迹球托底粘接的方法来制作,再用原子灰填补缝隙。

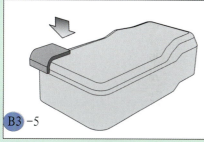

B3-5 后盖的上端尚有一个红外测温单元，可以使用钳子夹住一小块褐色PMMA有机玻璃板材，加热后在凸模上压制并修磨成型。

B3-6 检查所完成的两处镂空的尺寸和形状，可以使用与之配合的部件（十字按键和屏幕保护盖），通过假组来检查。反复比照它们之间的缝隙线是否统一而又均匀。

B4-1 为了使底漆能够充分咬合到工件上避免日久剥落，需要使用800#（甚至更精细）的水砂纸打磨处理工件表面，打磨后的工件需要冲洗干净并彻底干燥。

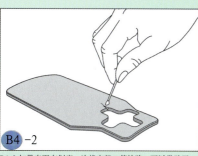

B4-2 如果表面有划痕、边缘有豁口等缺陷，可以借助牙签等工具蘸取少量原子灰来填补，原子灰完全干燥后，使用什锦锉和800#~1200#的水砂纸、对填补过的部分进行修磨。

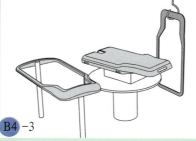

B4-3 将工件固定到喷漆台上准备喷漆，喷漆时常用的固定工件方法包括使用挂钩悬吊、使用顶杆+双面胶固定、使用转台+支撑网固定等。

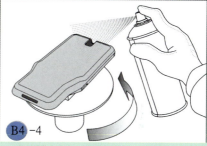

B4-4 使用罐装自喷漆（亦称硝基喷漆），喷嘴距离工件表面约20~30厘米，边喷边旋转工件。应该少量多次，切忌一次性喷得过厚导致漆膜溢流。

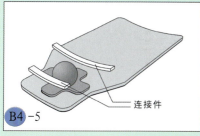

连接件

B4-5 装配。装配时要慎用502或三氯甲烷一类的黏合剂，因为这类黏合剂流淌灵活，很容易损伤已经喷好漆的工件表面。建议使用较黏稠的环氧树脂类黏合剂。
待黏合剂完全固化后，整个模型的制作过程即告结束。

完成照片

三、范例　角色概念模型——油泥塑造、树脂翻制

（一）理论阐述

诸如游戏及数字动画中的角色、道具等概念设计是工业设计的一个新兴领域。设计者不仅需要结合前期构思的二维资料包括草图和故事板来对角色的形态进行立体空间的分析，还需要考虑角色的人物性格等因素从而选择最为合适的动势和面部表情等。这类模型因其自身形态的复杂多样性，最适合使用油泥来进行制作和表现。油泥原形是不能着色的，需要将其翻制成为树脂模型（Resin）才能着色。

（二）学习难点

油泥模型的塑造与刮制成型方法；手工翻制模型的程序与方法。

（三）案例分析

这是一个比较典型的数字游戏人物角色，因其形态拥有较复杂的具象细节，适合使用油泥来塑造原型，后期翻制成树脂成品并着色。

（四）主要材料

油泥、铁丝及适量木块和泡沫、密度板（底座）、环氧树脂与硅胶。

（五）主要工具

油泥刮刀、克丝钳、盛装树脂的容器、着色工具。

（六）制作过程

1. 骨架制作
2. 塑造基本形态
3. 形态刮制
4. 翻制模型
5. 装配

前期在 2D 软件中创作的角色形象

▌知识扩展

常用的翻模材料有翻模泥（如油泥、石膏和树脂）和硅胶。较复杂的形态建议使用硅胶作为模具的内层，使用硅胶可以精确地翻制出原型上的细小形态。

较复杂的形态在翻制时可以分为几个部分来单独制作。本案例一开始即将对象分成了头、胳膊、躯干、下部触角共 4 个部分。这几个部分之间在敷泥时留有挡片，当形态刮制完成后，可以方便地拆卸下来用于翻模。

本案例最终选择保留了树脂的透明性来体现角色的透明躯体角色特征，因此需要使用 1500# 的细砂纸、抛光膏适当打磨和抛光模型的主要曲面，使其光洁完美。树脂模型也可以着色，除了可以使用喷笔配合硝基漆、聚氨酯漆来进行细致的喷涂外，还可以使用各种毛笔配合丙烯、模型涂料进行精细的涂刷与描绘。精细描绘时需要注意把握角色的五官气质以及表面纹理等特性，最终完成后需要喷涂光油或哑光油加以保护。

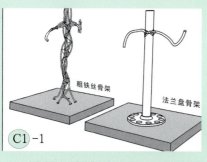

C1-1 在密度板上适当钻些小孔，使用 4mm 直径的铁丝搭建出基本骨架，并使用细铁丝在中间缠绕来增加强度，也可以使用合适的法兰盘作为基本骨架。

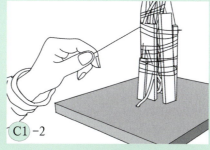

C1-2 基本骨架确定后，可以在骨架上捆绑木块和硬质泡沫，留下 10~20mm 的敷泥厚度，来减少油泥的用量。

C1-3 仔细检查完成后的骨架，对于外露的铁丝尖端等要妥善处理，以免敷泥时割伤手指。

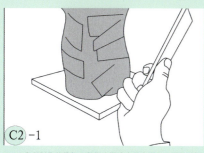

C2-1 在所制作的骨架上敷泥来塑造出基本形态，要趁油泥冷却变硬前迅速有力地将每一块泥料压紧不能留有空隙，模型较大时可以使用光洁的厚铁板或木板拍打将其压实。由于这款角色的形态比较复杂，不能使用卡板来验证形态的准确与否，只能通过不断地变换视角来进行主观的审视和修整。

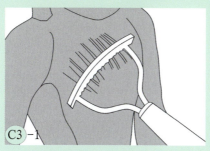
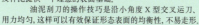

C3-1 待油泥冷却后，使用带有锯齿的油泥刮刀进行粗刮，粗刮后的纹路可以使油泥表面更有附着力，为后期的精刮及补泥提供一个理想的表面基础。

　　油泥刮刀的操作技巧是沿小角度 X 型交叉运刀，用力均匀，这样可以有效保证形态表面的均衡性，不易走形。

C3-2 使用较小较精细的油泥刮刀、雕刻刀进行模型细节的精刮。精刮的同时还要尽可能使整个模型的表面光洁以利于翻制时的脱模（有特殊表面肌理要求时除外）。

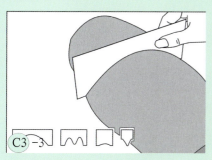

C3-3 当某些细节形态找不到合适的刀具来刮制时，可以将薄铁片、塑料片在砂轮机上磨制成临时的刀具。

刮制完成的油泥模型

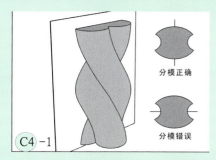

C4-1 沿油泥模型周选择分模线并插片（易拉罐的铝皮之类材料即可），要考虑拔模角度和表面凹凸的深度，拔模面上不能留有明显的凸起，否则模具会卡住无法取下。

C4-2 在油泥模型表面涂刷脱模剂（肥皂水或稀释的洗手液即可），然后均匀地涂敷液态硅胶。

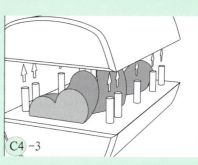

C4-3 待硅胶凝固后，在外层涂敷石膏浆，同时在石膏上相互挖孔和插短木棒，以便于后期各块模具之间的准确对接。石膏的涂敷要紧密，而且厚度要足够以避免后期的变形和开裂。

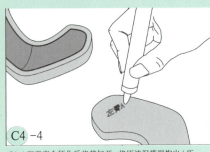

C4-4

C4-4 石膏完全硬化后将其打开，将原油泥模型掏出（所掏出的油泥、木块等可以循环再次使用）。模块数较多容易搞混时，可以用麦克笔进行编号。

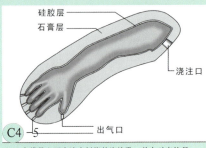

C4-5

硅胶层
石膏层
浇注口
出气口

C4-5 在模具上开出液态树脂的浇注孔，并在对应的另一头适当开一些小出气孔便于液态树脂流淌到位。

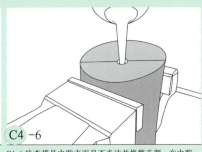

C4-6

C4-6 检查模具内腔表面是否光洁并修整毛刺，在内腔表面涂刷脱模剂，合并模具后，将勾兑了固化剂的液态环氧树脂沿浇注口进行浇注，可以轻微摇晃模具使液态树脂在其中流淌到位。

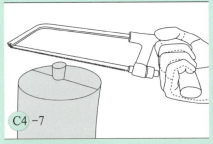

C4-7

C4-7 环氧树脂通常需要1小时左右的固化时间，并会散发一定的热量。待完全固化后，打开模具取出成品。使用小手锯、锉等工具去掉多余部分。

C5-1

C5-1 检查翻制出的树脂成品，使用雕刻刀、什锦锉等修磨工具修整毛刺和配合不完美的地方，并通过假组来检查各部件的装配面是否吻合。

完成后的角色模型效果

四、范例 概念车模型——RP 快速成型

（一）理论阐述

RP 是 Rapid Produce（快速成型）的简称，发展至今已先推出金属粉末激光烧结成型（SLM）、液态树脂激光固化成型（SLO）、热熔塑料堆积成型（FDM）等诸多原理不同的相关设备，并迅速普及。这其中，金属粉末激光烧结成型技术出现最早，如今主要用来制作金属样品，其成品稍糙且易碎；液态树脂激光固化成型的制作精度最高，但综合成本也很高而且成品的结构强度较低；FDM 成型虽然制作精度稍低，但同时又具有耗材成本低、运行速度快、成品较坚固而且可供后期打磨着色等优势。

（二）学习难点

了解快速成型设备基本工作原理、掌握实体建模的概念和方法；复杂模型各部件表面处理和装配次序。

（三）案例分析

这是一个概念车设计方案。整个车身都是由弯曲的网眼状板材穿插构成。通常的小比例汽车模型都是使用油泥刮制而成，但本案例中这部概念车层叠的曲面造型特征决定了它既不适合使用油泥来制作，也不适合使用塑料板材手工热压粘制，因此使用 RP 快速成型是较合理的选择。

主要材料：FDM 快速成型机专用 ABS 成型丝料及支撑丝料、尼龙棒（制作车轮）。

（四）主要工具

快速成型机、修磨工具、着色工具。

（五）制作过程

1. 转换 3D 数据：首先根据制作需求将整车的 3D 文件尺寸调整缩放到 1/10 的大小。由于构成车身的曲面板件较多、较复杂，需要耐心地在 CAD 软件上反复推敲和确认。

2. 快速成型加工：FDM 塑料热熔快速成型机的具体工作方式是将 ABS 塑料耗材热熔后，由活塞推动，经喷嘴吐出直径约 0.2mm 的细丝，随着喷嘴在 XYZ 三坐标轴上的移动，堆积成工件的形状。本案例所使用的 StrataSYS Dimension SST1200 快速成型机使用双喷嘴，一个喷出白色 ABS 料、另一个喷出同直径的褐色支撑料，有了支撑料的参与，大大方便了例如本案例中带有镂空等车身部件的成型制作。

3. 工件的表面处理、修磨与假组：即使采用了最精细的输出模式，由 FDM 快速成型机所制成的工件表面依旧带有清晰的纹路、稍显粗糙，这是由 FDM 的工作特性所决定的，我们需要通过后期的手工操作将其修磨完整。依次使用原子灰填补、砂纸修磨抛光。填补和修磨的标准都是以消除表面纹路即可，过多的修磨容易导致工件变形。虽然数字化制造的工件拥有精准的形态尺寸，但假组过程还是有必要的，尤其是如本案例中车身板件数量较多，需要相当耐心地考虑它们的对接方式，确认后可以写上编号避免搞混。由于 FDM 成型机尚不能有效制作透明部件，因此车窗需要使用透明 PMMA 有机玻璃板手工热压成型并修整和抛光；车轮则使用尼龙棒在机床上车制成型。

4. 喷漆与车身的装配：为了达到更靓丽的视觉效果，本案例的概念车模型使用喷笔＋聚氨酯汽车烤漆进行喷涂。喷涂聚氨酯烤漆的操作难度要比使用罐装自喷漆大一些。通常的产品模型喷漆着色需要经过喷底漆（亦称补土）、面漆、光油或哑光油的步骤。

在 3D 软件中渲染完成的概念车效果图

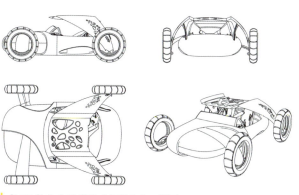

在 3D 软件中建模完成的概念车三视图

D1-1 最终的 3D 文件需要转换成为 STL 格式。STL 是通用的快速成型机支持格式，使用三角形面（mesh）来模拟描述 3D 形态。

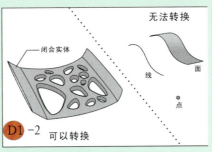

D1-2 在计算机上确认每一块部件都是闭合的实体（solid），壁厚过薄的部位需要适当修改增加其厚度。此外，在 3D 文件中不能包含有任何其他形式的点、线和面，否则快速成型机将无法正常识别和转换。

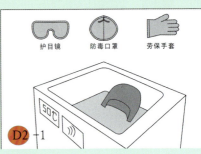

D2-1 成型工作完成后，使用碱水将支撑料溶解掉即可得到剩余的白色 ABS 工件。

快速成型机正在制作车身工件

全部处理完成等待喷漆与装配的车身工件

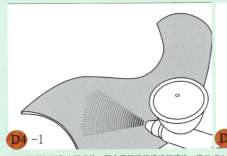

D4-1 使用气泵和小型喷枪，配合聚氨酯烤漆进行喷涂。将工件逐一固定好，使用，依次喷涂双组分底漆、面漆、光油，尽可能使用专用烤箱缩短油漆的干燥时间。

D4-2 双色部件需要遮挡喷涂，在第一道面漆彻底干燥后的基础上，使用专用的低黏度弹性遮挡胶带围合处下一道喷漆的区域。

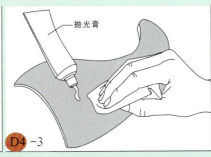

D4-3 所有的工件漆膜彻底干燥后，使用 2000# 砂纸蘸水仔细地修磨掉漆面的瑕点，并使用干净的软布或麂皮蘸上抛光膏对漆面进行抛光。

完成后的模型效果

五、范例 公文包样品制作——平面纺织材料的裁切及立体缝制成型

（一）理论阐释

在产品设计中，并非所有的对象都是坚硬而固定的造型，诸如使用布料和软橡胶等材料制作而成的包、布艺玩具等就属于此类。在设计和表现软材料产品的过程中，要从一开始就结合所使用的材料特性来考虑产品的结构和外观形态，掌握如何使用软材料来形成所构思的三维形态，并积累制作经验。

（二）学习难点

布艺类产品的内外构成与缝制次序；各部件的展开尺寸与成型后尺寸之间的逻辑关系。

（三）案例分析

本案例选择了一个典型的笔记本电脑包。该电脑包提供了手提和利用背带挎在肩上两种携带方式，其外观形态近似于规则的矩形。由于这类电脑包在真实使用环境中，除了侧面宽度的变化外，其他部分的变形幅度不会太大，因此可以直接根据二维设计图所标注的尺寸进行下料和制作。

（四）制作步骤

1. 裁切下料

2. 缝制内部

缝制的次序要依照先内后外、先细节后整体的原则。首先缝制电脑包的内里部分。

3. 缝制两侧包身

4. 整体缝合

用于制作参考的二维设计图

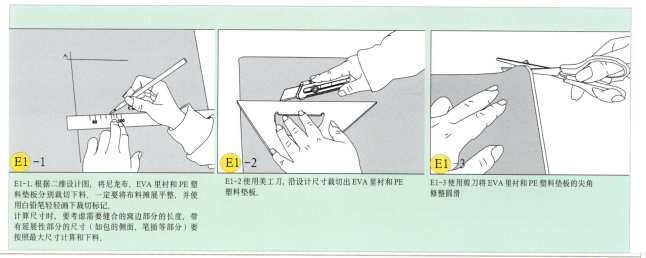

E1-1. 根据二维设计图，将尼龙布、EVA里衬和PE塑料垫板分别裁切下料，一定要将布料摊展平整，并使用白铅笔轻轻画下裁切标记。
计算尺寸时，要考虑需要缝合的窝边部分的长度，带有延展性部分的尺寸（如包的侧面、笔插等部分）要按照最大尺寸计算和下料。

E1-2 使用美工刀，沿设计尺寸裁切出EVA里衬和PE塑料垫板。

E1-3 使用剪刀将EVA里衬和PE塑料垫板的尖角修整圆滑

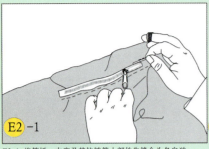

E2-1. 将笔插、内兜及其拉链等小部件先缝合为各自独立的单元，然后用缝合到裁切好的210T尼龙布里料上，手工缝制时需要佩戴顶针

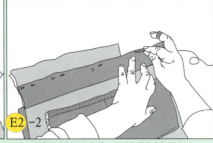

E2-2 小部件在里料上定位后，可以先用大头钉预先别好，待缝合完毕后拆掉大头钉。

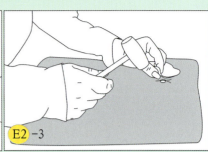

E2-3 将缝合好的210T尼龙布里料包裹住EVA里衬和PE塑料垫板，缝合边缘部分，然后安装铆钉式按扣，可以在按扣上垫块软布并使用橡皮锤等工具轻轻敲击，以免损坏按扣及其漆面。

E3-1 将1680D尼龙牛津布的正面与完成后的内里部分缝合，形成左右两部分的包身，并在该阶段为各侧包身加装提手、标识牌、皮革封口和背带扣，在底部加装底脚钉等部件。

E4-1. 将完成的电脑包外部与内部三面缝合，留下一条边缝塞入PE塑料垫板后将其缝合。检查电脑包的左右形状、尺寸对称性。

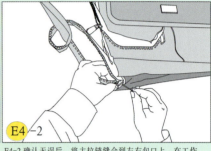

E4-2 确认无误后，将主拉链缝合到左右包口上。在工作后期，由于材料的逐层叠加愈来愈厚，边缘处的窝边和缝合将会变得愈加困难，此时要注意操作安全。

E4-3 过于坚硬难以缝合的窝边处可以使用订书机代替针线。

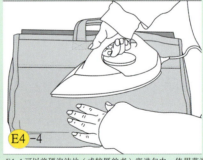

E4-4 可以将硬泡沫块（或较厚的书）塞进包内，使用蒸汽熨斗轻轻烫熨电脑包表面使其平整。

完成后的电脑包

六、范例　家居陶瓷装饰用品设计

（一）理论阐述

除由机器大批量统一制造的产品外，采用陶瓷、玻璃等材料制作的工艺品、装饰品也属于工业设计的一个范畴。这类产品往往拥有手工制作的自由而且变化丰富的造型特点。

（二）学习难点

陶泥的塑造成型及雕刻方法；陶器表面装饰手法。

（三）案例分析

该案例中的产品共由 5 件套组成。由于在创作伊始就已经决定使用陶泥塑造并烧制成型的方法，因此这套产品的造型特点比较自由和细腻，尤其是顶端的细节部分体现了对塑造成型制作手法的尽兴发挥。

（四）主要材料

高岭土陶泥、颜色釉料

（五）主要工具

泥塑工具、装有釉料壶的喷枪与气泵、气窑或电窑。

（六）制作过程

1. 基本形态——泥坯的塑造：

选择创意草图中的第一件进行范例制作。该模型虽然拥有复杂的曲面形态和诸多细节，但制作工艺相对比较单一，主要是以捏陶和雕刻为主。

2 细节制作——泥坯的雕琢

3. 上釉料

陶艺作品的表面处理手法众多，可以保留泥质本身的肌理（亦称素陶）；可以在泥坯未烧制前，用色料进行彩绘（亦称釉下装饰）；可以在烧制后瓷胎上进行彩绘（亦称釉上装饰）。这些装饰方法之间还可以相互穿插使用。具体制作时需要根据造型来考虑并选择合适的装饰手段。

4. 烧制

将喷好釉料的泥坯放入气窑烧制。瓷器的烧制成功与在窑内的摆放位置、烧成温度的高低、窑内火焰燃烧的化学变量等都有极大关系。本案例中的成品平均烧成温度在 1100℃ ~ 1300℃之间。

反映造型创意的原始草图

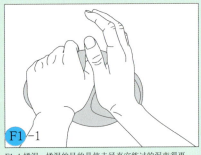

F1-1 揉泥。揉泥的目的是使未经真空练过的泥变得更密实，同时内里结构会发生变化，具有柔韧性和可塑性。

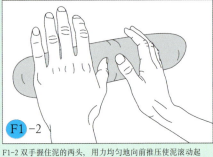

F1-2 双手握住泥的两头，用力均匀地向前推压使泥滚动起来，反复揉十几次后将泥揉成一团。

F1-3 用钢丝割线将泥团从中间切开，检查并确认其中没有气泡。

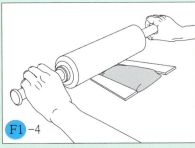

F1-4 制作泥板。将泥团放在一块布上，用滚筒从泥坯中心向四周滚压。为了便于把握泥板的厚度，可以用木条放在内边作为参考。

F1-5 切割出底板。趁湿状态下，用泥塑刀将泥板按设计轮廓切出，使用尖细的刀具把欲粘接管身的区域划出交错的沟槽，可以增加粘接的强度避免后期开裂。

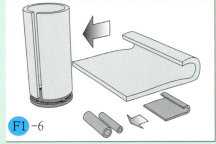

F1-6 制作管身。将泥板卷起形成管状，涂上泥浆粘接到底板上。此时，由于泥板仍处于湿而柔韧的状态，可以塑造出产品的基本形态。此后依次做出顶部的细小泥管，并粘接和塑造。

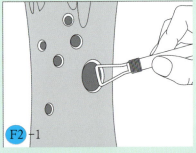

F2-1 趁湿状态下，使用泥塑刀等工具掏挖出管身上的空洞。挖空时不必考虑泥坯的壁厚薄。形态复杂的作品可切割成多段进行挖空，然后再用泥浆粘接复原，要注意将粘接缝刮光修平。

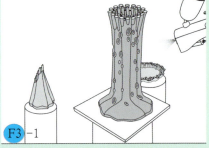

F3-1 本案例采用在烧制前，在泥坯表面喷涂颜色釉料的装饰手法。

烧制完成后的成品

七、手工制作常见典型形体及成型方法一览表

尽管制作对象的形态千差万别，但经过分析后，往往都能够将其拆解和归纳为如下几类，在具体的制作过程中，可以参考表中的内容，加以综合运用。

（注：这里所罗列的仅仅是针对手工制作、或借助常规设备手工制作的情况，诸如使用吸塑机、注塑机、数控加工等方法不在此列）

造型种类	典型例图	成型方法	主要材料	成性特点	适合件数	评价标准
平面形体		1. 较大的形体适合用板材，通过粘接、焊接、榫卯拼插或钉接的方法围合成型。 2. 较小的形体适合用块材切割成型。	1. 以板材（包括硬纸板、塑料板、金属板或木板）为主。 2. 实木、石膏体或金属块材。	1. 形体的尺寸易于把握。 2. 形体尺寸过大时，需要考虑内部结构（如加强筋）以防止表面塌陷。	适合多件批量制作	1. 表面平整。 2. 边缘线精细整齐，没有缺口和缺角。
单曲面形体		1. 较大的单曲面适合用有弹性和延展性的板材弯制后围合成型（弯制方法包括利用自身张力和借助模具热压）。 2. 使用尺寸合适的现有型材切割加工成型。	1. 硬纸板、塑料板或金属板，厚度不宜过大。 2. 各种塑料管材等。	1. 利用自身张力弯制出的单曲面光滑平顺，但曲率和固定方式较难控制。 2. 借助模具可以热压出曲率准确的单曲面，但成品表面光滑度要受模的制约。	1. 不适合多件批量制作。 2. 适合多件批量制作。	1. 曲面光滑平顺。 2. 边缘线精细齐整，接缝未影响整体曲面光滑度，没有缺口和缺角。 3. 曲率正确，使用卡板检查未见明显误差。
双曲面形体		1. 借助模具热压成型。 2. 借助模具敲打成型。 3. 细小的双曲面单体可以使用块材手工切削和修磨成型。	1.ABS或PMMA塑料板为主，厚度不宜过大 2. 延展性好的薄金属板（铜板） 3. 实木、石膏	1. 双曲面成品的曲率和表面光滑度均受模具和手工技术的制约。 2. 纯手工切削和修磨出的双曲面难以保证曲率。	1. 适合多件批量制作 2. 不适合多件批量制作	1. 曲面光滑平顺。 2. 边缘线精细齐整，接缝未响整体曲面光滑度，没有缺口缺角。 3. 曲率正确，使用卡板检查未见明显误差。
旋转曲面体		车制	实木、金属块材，此外亦包括陶泥配合拉坯机成型	1. 成品表面光滑平顺。 2. 曲率准确与否受刀具等的制约。	适合多件批量制作	曲率正确，使用卡板检查未见明显误差。
模糊自由形体		1. 塑造成型（加法） 2. 切削成型（减法）	1. 各种雕塑泥、油泥、橡皮泥、石膏粉 2. 木材、石材、石膏体	成品质量受手工技术的制约。	不适合多件批量制作，但可以进行后期翻制。	

思考与训练

作业题目：模型作业 A——标准化几何体粘接制作

作业内容：根据命题所给定的图纸、参考样件，以 ABS 板为制作材料进行粘接制作，完成一件标准化几何体。

作业题目：模型作业 B——简单有机曲面形体塑造

作业内容：参考自选产品对象的形态、结构、尺寸，以油泥、石膏为制作材料进行塑造，完成一件简单有机曲面形体。

作业题目：模型作业 C——产品外观模型制作

作业内容：

1. 通过导师提供或自选命题，确定并完成一件产品外观模型的制作。

2. 选题范畴可以根据自己的兴趣在 IT 产品、家居用品、玩具或概念角色中选择。

3. 材料及加工工艺为综合模式，可以自由选择及结合多种材料及表面处理方式。

● 教学重点
造型样态的表达

● 学习难点
造型展示的策略制定

● 学时计划
课内合计学时：16 学时
（理论 8 学时，实验 8 学时）
课外研修学时：20~40 学时

第一节
展示策略——造型展示的策略分析

产品设计同平面设计以及其他的相关行业相同，所有的步骤总体上可以概括为创意和执行两个部分。在执行阶段，作品的展示又是这一阶段的最终环节，展示手法的选择有时也决定了设计的成败。因此更需慎重思考，在展示中尽量做到理解、完整、准确、生动、具有创造性和激情。

一、传达性的要求

（一）传达的准确性：不管选择哪种方法，都始终要坚持作品表现的初衷，即设计师想要传达给受众的设计理念，不能因为在创作执行阶段所遇到的种种困难，而使得最后呈现出来的效果比照最初的设计意图有所偏差甚至是面目全非了。制定一个详细的表现步骤计划，能够对表现主题视觉化的过程起到很好的控制作用，而一个充满智慧的表现策略，能够达到事半功倍的效果。

（二）传达的效率性：在理念传达的过程中，大可不必使展示方案做得像产品说明书，或者是VI手册那样事无巨细。突出设计中的亮点，忽略较为平淡的部分，还能够给受众留出更多的遐想和拓展空间。如果方案能够引起人们的思考，并对画面的内容作出判断，就离成功很近了。

（三）适当的传达方式：首先我们要分析作品的特点，以及表现意图，来选择表现的手段。如果选择用静帧图片来表现方案，可以在外观效果、剖切效果、使用状态分析效果、部件分解效果中选择一种最为适合的静帧效果图，多种效果之间的搭配往往能将设计意图说明得更加清晰。如果选择动态展示，则需要考虑机位动画或者是部件分解动画，哪种更适合。在某些特定的情况下，直接手工制作或者是用快速成型机加工出草模样板，效果能够更加直观。

模型类别	功能作用	表现要点	表现要求	材质类型
造型研究模型	造型研究	形体关系	能够体现出产品的基本体量关系	泡沫 ABS 木材等
产品外观模型	外观展现	详实的外观效果	充分利用光影展现产品包括细部构造和材质在内的外观视觉效果	虚拟渲染材质；ABS 塑料、快速成型材料等综合模型制作材料
产品原理模型	内部构造及工作原理展现	静态或动态结构	利用部件分解图、剖切图和工作流程动画展现产品的内部构造工艺和工作状态的机械原理	虚拟演示动画；木材、金属件等
产品样机模型	试用体验	生产和使用关系	体现产品生产加工的技术要求和使用状态分析	具体生产材料

第二节
样态展示——造型展示的系统表现

可以达成共识的是，同样的事物置身于不同的环境氛围当中，所呈现出的价值是大相径庭的，因此表现过程当中对表现意境传达的准确性和视觉美感的追求是本节探讨的重点。

光影是形体的缔造者。再精彩的造型，如果没有光影，也无法展现出其形体魅力。与二维表现当中对光影的使用有所区别的是，在用纸笔进行快速表现的时候，我们要尽可能地将光学现象模式化，以求用最快的速度表现物体的质感和体量，而在本书所讲解的内容当中，无论是 R3D 还是 V3D，我们都能够直接使用实际的光源，或者接近实际的虚拟光源。这就大大地解放了我们用于对光学效果的逻辑分析和理性的归纳演绎的大脑，而将精力集中到表现产品时氛围的烘托和表达的感性层面。

一、光的方向性

我们观察一个光源的方向对我们理解光线对场景中的物体将如何表现都有深刻的影响。选择主光源的方向是我们能做出最重要的决定之一，因为光源方向对如何表现一个场景以及作品要传达的感情都有很重要的影响。本书所讲的光主要指的是用以塑造形体、表现材质的光线。

产品增加光影效果前后对比

第六章产品造型的表达策略

（一）顶光

顶光并不常见，大自然中在多云的天气里或阳光明媚的正午会出现，室内也会有顶光情况的出现，比如舞台灯光。不同的天气和光源会出现柔和的顶光或者强硬的顶光。柔和的顶光对展示形状是非常有效的方法。在较硬的光源条件下顶光能够投射出边缘锐利的阴影。顶光有时会给人一种神秘的气氛。比如人脸在强光下面他们的眼窝全部都在阴影中。在阴天，由于整个天空相当于一个巨大的散射光源，而正午强烈的顶光把万物的影子都集缩在它们的身下。这使得它不是一个经常用到的照明方案。更多时候只是为了造成一种氛围和非常特别的场合。

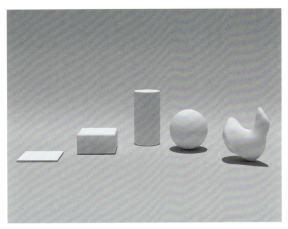

顶光展示模型

顶光摄影作品

（二）侧光

侧向光将主灯光沿对象左右侧面成 90 度放置，可以很好地表现出物体的轮廓形态和肌理，会使物体产生很好的立体感、明暗关系和强烈对比，大部分的效果都用这种光照。用测向光的缺点是图像有些区域可能会在阴影中丢失，而且侧向光会展现一些不完美的一面比如皱纹（弥补这一缺陷可以使用补光，我们会在后面详细说明）。比如在肖像摄影中侧向光通常用在男性，能使面容因为柔和边缘而显得刚毅，侧光在肖像摄影中也常常用于产生内心的表现和影响。

在用侧光表现产品的时候，常常是将光源向观察点这边旋转一定的角度，可以称作是斜侧向光。或者3/4 侧向、1/4 侧向或 45 度侧向。在这种角度的照明中，主灯光的位置通常位于表现物体的侧上方 45 度的位置，并按一定的角度对着物体，因此又叫高侧位照明，主灯光在这种位置是产品三维表现的典型位置，被照射后物体的光影效果呈锥形，并可以完全显现其结构特点。如果是表现大的场景，当主灯光位于侧上方时，模拟的是早上或下午后期的太阳位置。

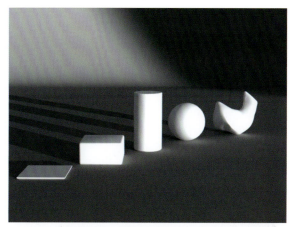

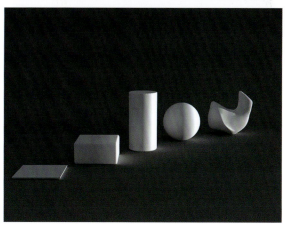

侧光展示模型

侧光摄影作品

（三）逆光

逆光是指观察者正对着光源，背景较亮物体较暗，看上去富有戏剧性。如果光源相对于我们视点有个微小的角度物体将会有一方或更多的明亮边缘被勾画出来。光越强这明亮边缘就越明显，对于在阴影中勾勒出物体的外形明亮轮廓的出现是非常有用的。逆光照明产生的对比度能创建出体积和深度，在视觉上将前景从背景中分离出来。仔细观察你会发现，新闻电视节目中的主播人员的头部肩部会有这样的亮边缘，和背景图像拉开层次。逆光的另一个特点是它能很好地展示出透明、半透明属性以及表现出沿着明亮的边缘的细节或纹理。对于表现富有戏剧性的图像这种光是非常具有冲击力的。

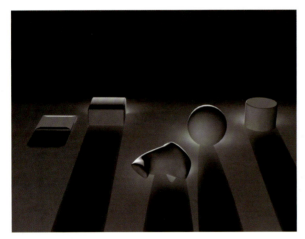

逆光展示模型

逆光摄影作品

逆光摄影作品

逆光摄影作品

（四）正面光

正面光是指光源从观察者的后面照向被照射物体，如果是硬光源，图像通常可能没什么吸引力的。因为轮廓是靠光和阴影相互作用来表现，而从观察者的角度来看正面光产生的阴影都被隐藏了，所以不能完全展示出影像的外形和纹理，其结果是最小化对象的纹理和体积，使物体看起来像平面效果，但如果正面光是柔和的在某种情况下也会产生非常有魅力的图像。有些题材比较喜欢用漫射柔和的正面光照，比如快照摄影师大多数使用，因为正面光照能帮助隐藏皱纹与瑕疵，因此经常用在人物肖像与产品大体形态的表现中。

（五）底光

如果说光从竖直上方照射是少见的，那么光从下面照射就更不寻常。在现实生活中如果有人站在营火上面，就是出现光从下面照射的情况。反射的光也会来自下方，比如来自水面的反射光。因为在这种照明下通常看到的阴影是颠倒的，所以即使是非常熟悉的事物也会产生一种怪异的景象。此外，很少效果会用这种光照来创作。因为我们会本能地认为这种物体是不正确的，所以通过利用这种灯光所表达出情绪和反应能被用于创作特殊的气氛。

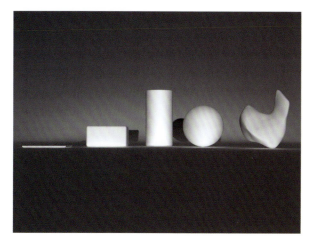

正面光展示模型

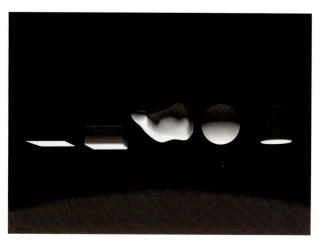

底光展示模型

正面光摄影作品

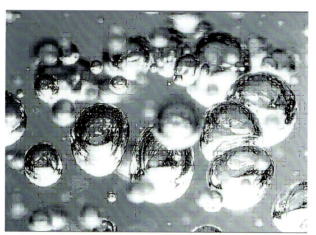

底光摄影作品

二、光源的种类

我们可以在最基础属性的层面将光源划分为具有方向性的光源和没有方向的光源。有方向性光源如：聚光灯（射灯）、面光源、光域网（V3D）等，将光源集中在一定方向、一定范围。可以造成照射区域与背景的较强对比，适合用来强调单个或者单组的物体或物体局部。无向性光源如：点光源（泛光灯、灯泡）、天光（全局照明）、HDR（V3D）等，光线从一点向四周任何方向发散，或是像太阳光穿过大气层中的微尘、水蒸气等介质散射到地面不产生强烈的阴影。再或者好像是将场景置于一个无限大的自发光背景当中，画面空间中的每个像素色彩和亮度值用实际物理参数或是线性函数来表示，适合用做场景氛围的渲染。

现实光源分类

现实光源分类

三、光线的特点

（一）色温

光线的颜色主要取决于光源的色温，当光源发出的光的颜色与黑体（指在辐射作用下既不反射也不透射，而把落在它上面的辐射全部吸收的物体。当对黑体继续加热，温度不断升高时，所发出的光有一定的颜色，其变化顺序是红—黄—白—蓝）在某一温度下辐射光的颜色相同时，黑体的这个温度称为该光源的颜色温度，简称色温。用绝对温标来表示，单位为K(开尔文)，简称色温。晴天中午的阳光色温为5500K。在人眼中的不偏不倚的白色。朝阳和夕照的色温大约是4300K。蜡烛光的色温为1500K左右。

（二）光通量

视觉对不同波长的电磁波产生的颜色具有不同的灵敏度，其中对黄绿光最敏感。国际上把555nm波长的黄绿光的感觉量定为1。鉴于视觉以主观感觉量衡量光的特点，所以照明设计中用光通量来衡量光源发出的光能大小。排除方向、距离和强度因素，指单位时间内的光的总量。以流体做比较，光通量类似每分钟流过的水量。单位为流明，符号lm。例如投影机等光学设备，也往往以流明作为衡量的标准。

色温对比图片

十万流明电脑灯效果

（三）发光强度

不同光源发出的光通量在空间的分布是不均匀的，同一光源发出光通量在空间上的分布也是不均匀的。发光强度指发光体在特定立体角内发出的光通量。单位为坎德拉，符号为 cd。

照度

对于被照面，常用落在它上面的光通量的多少来衡量它的照射程度，这就是照度，换句话说就是指投射在物体上的光通量的密度。单位为流明每平方米，又称勒克斯。符号为 lx。1lx 指 1 流明的光通量均匀分布在 1 平方米的被照面上。40 瓦的白炽灯下 1 米处的照度约为 30lx。阴天室外照度约为 8000 ~·12000lx。晴朗中午室外照度可达 80000 ~ 90000lx。

（四）亮度

亮度作为一种主观的评价和感觉，用来表征物体的明亮程度，也就是指物体单位面积向视线方向发出的发光强度，单位为烛光每平米，又称尼特，符号为 nt。

有了这些简单的介绍，相信大家再面对诸如 3DS MAX 软件里面的灯光控制面板上的数值就不会过于茫然了。

软件中的灯光参数

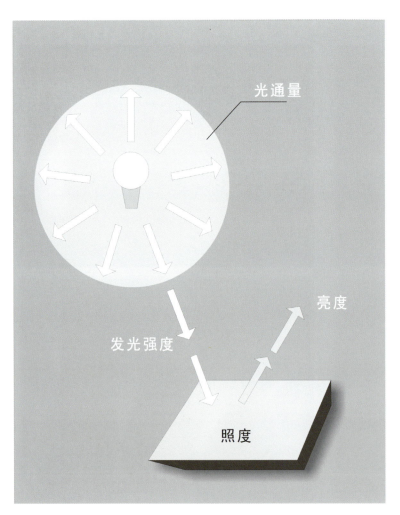

光的各参数之间关系

四、表现物体与光线的搭配

在实际的创作过程中，针对不同的案例主题，对表现效果会有千差万别的需求。以下所罗列的搭配方案，仅是为了让大家在面对一个表现对象时，依据对象的属性特点很快地做出反应，少走弯路，但一个精彩的效果表现，一定是需要随机应变，通过大量的尝试和思考才能做到的。下表将产品材质形态的各种属性和光线的搭配做以一简单的梳理排列。

一、对于光滑材质并且造型以平面为主的产品，在表现时我们需要注意，为了减弱或者避免镜面反射比较生硬和呆板的问题，我们需要将平面处理成带有一定渐变，或者菲涅尔反射的效果（菲涅尔反射以法国著

名物理学家提出的理论命名的反射方式，以真实世界反射为基准，随着光线表面法线的夹角几乎接近 0 度时，反射光线也会递减至消失。通俗一些的解释比如，在街上看到一家服装店的玻璃门，或者在湖边看水面，从旁边看过去和正对着反射表面看，所看到的反射强度是不一样的）。

形态\材质	光滑／强反射	粗糙／漫反射	透明／半透明
平面体	带渐变效果的反光板	侧光	明暗反差强烈的 HDR 环境光源或反光板
曲面体	HDR 或比较丰富的灯组	斜侧光	逆光
混合形态	模式化的三点光源，以及根据实际情况的需要添加起修饰作用的辅助光源		
户外用品	漫反射天光、锐利的太阳光、聚光灯		

平面光滑材质产品案例

二、表面粗糙的造型以平面为主的产品，我们可以用侧光来夸张其表面纹理，突出肌理本身的美感。通常情况下表面粗糙的吸光体用侧光照明，表面光滑的吸光体用大面积光源来照明。

三、透明的直面体，用亮暗强烈的光线，突出其块面的对比。因为透明物体自身的属性，此类物体的表现对于初学者是比较困扰的，通过下面的图片效果我们能够看出，通常情况下强烈的明暗对比可以把透明体刻画得非常精彩（如图片 1 和图片 2 所示），而含糊不清的灰调子是比较忌讳的（如图片 3 所示）。

四、对于反射较强光滑的曲面造型，用比较丰富的光源（如 HDR）来展现其曲面的转折走向是非常适合的。HDRI 不仅可以产生高质量的间接照明，还可以渲染出真实的反射和高光区的精彩细节。此类物体表现时的几个要点可以归纳为：1. 不宜用硬光、直射光；2. 宜隐藏光源——隔离罩；3. 以较大的光源面积为宜；4、利用环境之间的反光；5. 被摄体的明暗反差和光斑的控制，是表现的难点，又是表现强反射产品表面质感不可或缺的，要巧妙地运用黑、白、灰的环境关系。

五、表面材质呈现出漫反射效果的曲面体，用 45 度的斜侧光，就可以展现出曲面的结构和体量感。

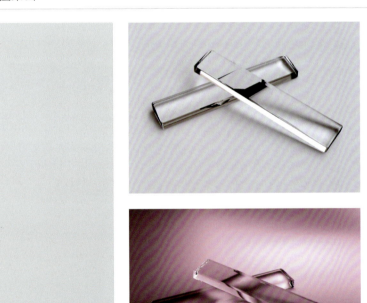

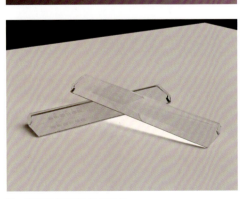

平面粗糙材质产品案例

平面透明材质产品案例

光滑材质曲面造型产品案例

漫反射曲面造型产品案例

六、透明或者是半透明材质的曲面体如果利用灯光或者是背景反射的光线从背面穿透表现物体，能更好地展现出材质晶莹剔透的效果，因为透明的材质往往意味着较弱的反射光线的能力，所以体量感的表现更多地依靠光线在其中的来回折射所产生的衍射或是焦散效果，因此相对于光线从镜头方向打向物体的正面可能效果更好。

半透明的 SSS 材质则可以使用稍带侧向的逆光。

七、大多数的产品造型多为曲面和平面兼而有之，材质也并非单一。因此对于这些产品的表现，三点光源是比较实用的一种模式（即主光、辅助光和背光，我们将在后面的案例解析中加以详细解读）。

八、对于体量比较大如电话亭，公车站等公共设施类的产品，天光和日光就足以展示其结构形态；如果是想展示其夜景效果，聚光灯是推荐的选择，可以将主体和背景划分分明。

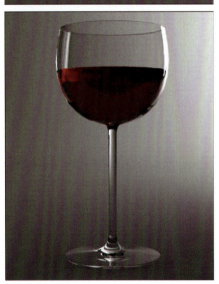

曲面透明材质产品案例

曲面半透明材质产品案例

复杂形体材质产品案例

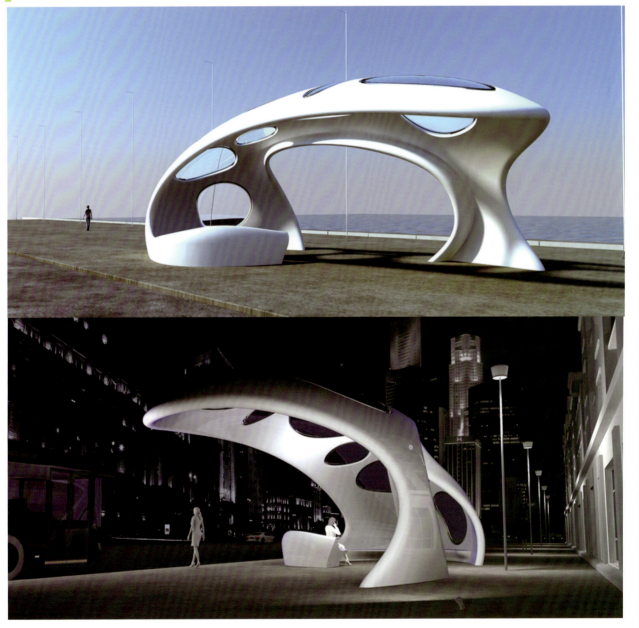

大体量产品案例

五、视角的选择

三维表现的视角没有具体的要求定式，一般来说仰视的机位带给观众较为宏大磅礴的气势，平视比较有稳定感，而俯视更带给人对物体全局的掌控感，局部放大视图可以使观众的视点集中在物体独特的设计亮点上。

在焦距的选择上，通常情况下，无论是物体大小或者远近，我们都会选择最近似人眼焦距的镜头，这样的图片会和受众的主观契合度更高，利于接受。如下图所示，同一个模型，左上图中的轴测透视，会使人难以确定物体的实际大小，既可以是真实建筑，也可能是沙盘模型，但左下图就给人更直观的体量感受。

但在有特殊要求的表现过程中，如建筑群的鸟瞰图，或者是产品的细节特写，我们则可以使用如鱼眼镜头等特殊焦距的视角。在视角选择遇到比较困难的情况下，在画面中加入用以体量对比的物体是很好的选择。正确的视角、焦距加构图，是产品表现的关键要素。

建筑体轴测视图案例

建筑体透视图案例

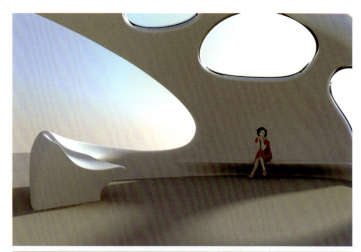

加入对比物的视图案例

第三节
主题情节——形态情景化主题展示

一、虚拟世界 V3D 的表现工具

在本章中，读者也许会发现，在讲解中我们并没有特意区分现实三维 R3D 与 V3D，这是因为随着三维虚拟技术的发展，使用三维软件已经操作越来越简单，而渲染的效果也愈发趋近真实的光影效果。在很多情况下我们在 V3D 中表现产品，只需遵循真实世界当中的布光法则，其间一些细微的差异则需要我们在面对实际的案例时仔细体味与发掘。

二、虚拟实例

（一）范例：模式化的三点光源

在第一个实例中，我们采用表现产品最常使用的三点光源设置，这种光源的搭配适用于绝大多数的造型和材质的表现。

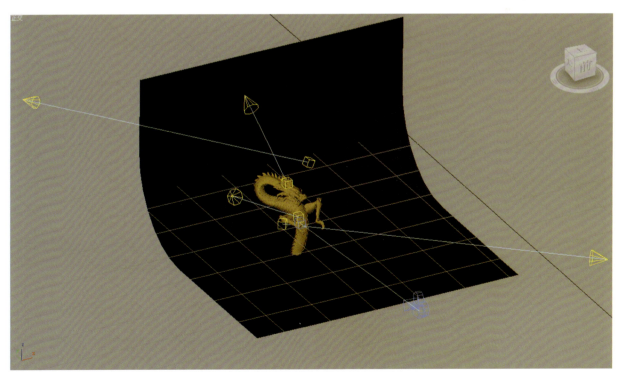

计算机虚拟表现产品布光示意图

1.Key light（关键光）是主光，它决定了场景的整体照明。

2. 补光：补光对有关键光产生的照明区域进行柔化和延伸，并且使得更多的物体提高亮度以显现出来。补光可以用来模拟来自天空的光源（除了阳光以外），或是第二光源，例如台灯，或是场景中的反射光。因为补光有着上述功能，所以您可以在场景中添加数盏填充光。一般使用聚光灯作为填充光，点光源亦可应用。

在顶视图中我们可以看到，一个补光应该处于同关键光相反的角度上，也就是说如果关键光在左侧，补光应该在右侧，但是永远不用使您的光源 100% 对称。补光要到达物体的高度，但是应该低于关键光。

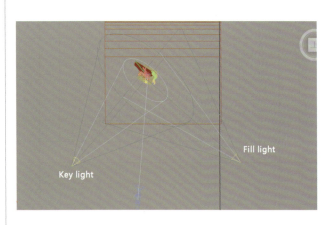

大部分情况下，补光可以有关键光的一半亮度（也就是关键光 - 补光比 2:1）。如果您想要一个更阴暗的

场景，您可以将补光设置为关键光的 1/8 亮度。如果多个填充光相互交织重叠，它们亮度的总和仍旧不可超过关键光。 补光不一定要产生阴影，很多情况下补光阴影也确实是略去的。 如果要模拟反射光，将补光的色调调整为同环境色彩一致。补光有时设置为仅仅照亮漫反射区域（也就是不产生镜反射高光）。

3. 背光：背光给物体加上一条"分界边缘"，使其从背景中分离出来。 在顶视图中添加一个聚光灯，将其置于物体之后，摄影机的对面。在右视图中将背光放置于高于物体的位置。

调整背光直到其在物体的顶部或是侧边产生一个漂亮的亮光镶边。（所以有人称边缘上的亮光为 Rim Light 镶边光源）背光的亮度可以任意调整，以使其在头发或是物体的边缘产生一条亮光。一个明亮的背光通常要投射阴影，除非可以通过精确的定位，或者直接关闭虚拟光源的阴影效果来避免产生阴影。

类似 VRAY 等高级渲染器，有时一盏灯的全局照明效果就可以很好地模拟光子弹射的效果，而可以省略设置 Bouncelight/radio light 的必要）。也可以增加一盏背景光（专门照射背景的灯光），来使得背景产生变化，避免完全黑暗的背景过于发闷，而显得画面死板。

在这一范例中可以明显看到，Bouncelight/radio light 位于地面的下方，与 Key light 相对，Background light 与地面的角度要比 Key light 明显得多，这样做是为了更好的地照亮地板，产生更柔和的光线。在 Key light 与 Background light 相互交接的区域，为了达到理想的照明效果，我重点调节了 Background light 的聚光区和衰减区。

（背光决不是背景光，它的全部功能就是在物体顶部或边缘产生光边，如下图所示光亮镶边的细微差异，使主体完全和背景分开。）

4.细节调整：为了达到更好的效果，可以再添加一些点缀的光源。

比如，有时在和主光正相对的位置添加一盏灯（Bouncelight/radio light）来模拟从地面和墙面反弹回来的光线，完成光的相互传递的特性。Background light 与 Key light 平行，目标点往左偏离些，主要是照射主光照射不到的范围，这样子，需要更好地调整它的 Hotspot 和 Falloff 参数（对于

（二）范例：玻璃材质的表现

透明物体的表现大致上可以归纳为三种模式，即明亮背景暗线条，暗背景亮线条，本体表现法。下面我们以具体的范例来做一详细说明。

建立场景：建立一个类似摄影台的弧形背景，分别给玻璃和液体赋予材质（具体如透光度、折射率等细节参数需根据实际情况需要加以调整，不必拘泥于真实世界中的参数。试图以一种万能的参数值适应所有的形态和环境，是不切实际的）。

1. 明亮背景暗线条

暗线条表现法的技术特点：改变光源面积和强度，可以控制反差，若被摄体前面需要补光时，尽量使用反光板或扩散后的软光。线条粗细取决于物体自身的厚度；勾勒造型线条，物体形态更为突出，边缘线更为浓重。

亮背景暗线条表现样式案例

2. 暗背景亮线条

亮线条表现法的技术特点：低调反差，改变光源强度及光性，可以控制反差，背景色度重，反差大。光性，使用软光，注意耀斑的控制，保留高光的部分细节、层次。亮线条，线条粗细大小及亮度取决于光源的形状与位置，与物体自身厚度无关。

3. 本体表现法

本体表现法的技术特点：利用光源面积的变化使背景变化，强调和谐、渐变的影调；柔和的光线，适合表现造型复杂的透明体。

针对其技术特点，在表现过程中我们可以利用HDR光源丰富的影调变化，和相对柔和的光线，来渲染透明体本体的材质特点，达到较为写实的图像效果。同时用方向光源作为对场景的补光，如用补光1用来强化物体的曲面转折层次，补光2作为背景光拉开主体和背景的层次。为避免原来的弧面影响HDR环境，可以以一个平面来代替。（范例模型为引用）

暗背景亮线条表现样式案例

透明物体本体表现法案例

（三）范例：氛围的营造

在掌握一定的表现技法和写实功底的基础上，设计师在设计表现过程中对氛围营造是能够体现其专业的造诣和修养的，环境氛围的营造可以分为客观氛围和主观氛围。

客观氛围是对光和其他一些自然环境现象的把握，如雾、雨等。能够充分地理解这些现象是通过怎样的特质被我们所认知的，对客观氛围的把握需要通过不断地对周围事物观察和试验来积累。主观氛围就是情绪氛围，在表达中我们会把作品置入一定的叙事情节中，一旦有了故事就会有一些主观的情绪，这些情绪场会影响我们对周围环境的认知，所以在表现过

程中可以通过人为的加入一些光照和效果来帮助表现主题。下面的范例中的表现主体是一款医疗设备，制定这一主题的表现策略，首先我们会想到医疗环境比较常用到的色调：白色能代表洁净卫生，但使用比较泛泛；粉色系更多用在女性化的医疗环境；相比较以上两类，淡蓝色系能够体现出医疗场所的素雅与冷静，同时浅灰的基调也吻合精密仪器严谨和科技的特质，适合我们这一案例的表现氛围。按照报告书的规划，范例产品展示阶段共分为两个部分，即产品外观功能展示部分和实际使用状态展示部分。

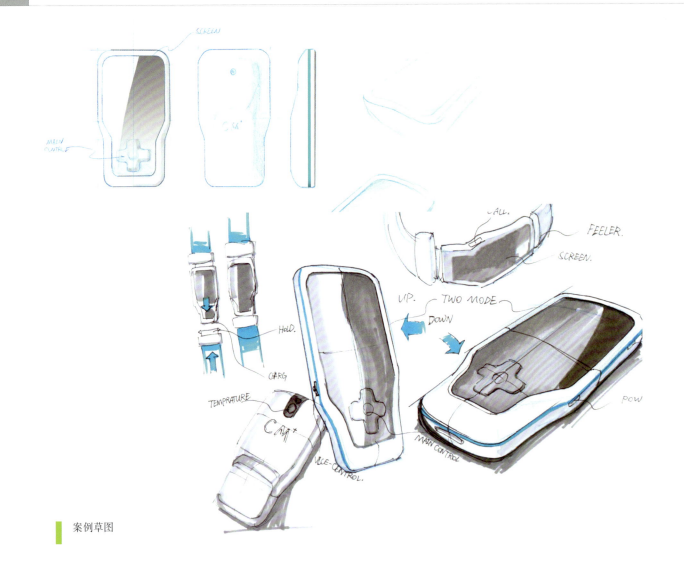

案例草图

1. 在第一部分中主要表现产品的外形与功能之间的关系。

（1）这一部分里，强调产品的功能和细节，通常会需要一定的夸张效果，因此比较适合用虚拟模型来渲染表现。

（2）经过观察会发现锐利的光影效果会令产品表现出过强的机械感，而忽略了产品应该具备的气质，因此我们使用大面积的柔光光源来表现产品的光影体量。

（3）通常，相对较大面积的趋近于平面的产品显示屏所呈现出的材质效果和曲面趋势过于平淡，因此我们可以考虑增加充当反光板的物体来增加曲面的渐变效果，也可以后期在图像处理软件中添加效果变化。同时，选一个能够更好地展示主体上细节零件的机位也是很必要的。

（4）如果需要为背景添加材质，也要兼顾整体的色调氛围及对主体的衬托。

（5）展示过程中，在对图的数量有严格限制的情况下，可以尝试将各个角度的物体安排在同一张效果图当中出现。

2. 第二部分着重表现产品与环境、产品与使用者之间的关系。

这一部分可以先通过类似脚本的方式，草绘出产品处于使用状态下的情景镜头，甚至可以设计出带有一定叙事方式的场景。之后根据草图进行主体的刻画表现，利用图像处理软件结合样机使用状态的实际拍摄使主题更加鲜明，即便忽略文字说明也能在第一时间识别主体的用途。

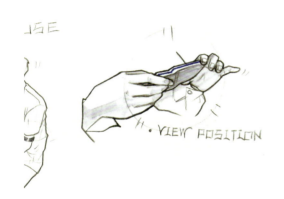

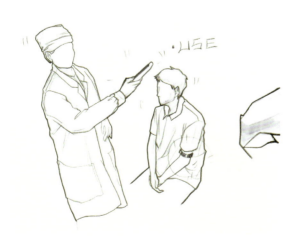

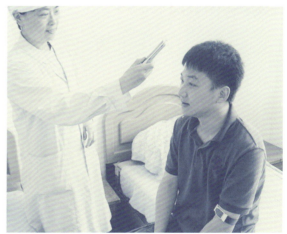

案例情景草图

案例草图对应情景图

3. 优秀范例点评

　　以下这组表现效果图，是托盘车的设计表现。第一张是表现主体的整体形态表现，首先，作者选择了产品底盘接近水平的视角，这种视角的设计加上主体重心偏向下方的构图，能够使画面看起来较为稳定，对于表现大体量的产品是比较适合的。在光线的选择上，作者将背光面呈现给观众，这是一种弱化光影关系的布光方式，依靠柔和的补光能够更好地展现物体表面的图案纹样等细节，而物体的亮面往往会因为强烈的光线照射，使得表面的文字等内容无法清晰地识别。

　　接近俯视的视角选择是比较独特的，但是却非常适合这一张表现效果图。这是一张产品的细节展示，作者选择的视角能够恰到好处地将表现主体——把手部分的功能点全部展现出来，镜头的景深效果，在突出表现部件细节的同时，还能把部件与产品主体的关系加以一定的说明。这种磨砂效果的材质，因为反射度非常低，所以几乎不受环境的影响，同时部件的形体曲面变化丰富，因此只要很随意的一两盏灯光布置就能够表现出不同粗糙度的工程塑料材质和部件的结构特点。

托盘车效果图案例

图一产品表现选择了比较传统的接近轴测图的视角，来表现产品本身比较主要的三个面。顶面凸起的三个部件，在顶面上的投影丰富了产品表面的光影变化。产品前面等距排列的结构，是整个画面的视觉中心，也是使画面产生疏密对比的关键着眼点，因此需要用相对的侧光来突出其起伏的结构关系。仅保留投影关系的纯白色背景，是产品表现时常用的方式。这种环境效果能够突出主体，使画面显得整洁、清爽，并且有利于排版等后期效果处理。

表现情境的设计，是图二中作品的精彩之处。对于这类表面缺少变化的钣金工艺产品，原本是比较难以进行表现的。产品的形态全部是大的平面构成，材质是表层比较光滑，但反射并不是很强的金属材质。如果处理不好，表现作品会显得呆板平淡，然而，此作品中，画面下方的粗糙的石头材质肌理的选择，加上黑色深邃的背景，立刻将主体对比烘托得非常精彩，略带仰视的视角和反差强烈的侧光，使原本单调的"箱子式"的产品犹如一件艺术品。

效果图表现案例图一

效果图表现案例图二

思考与训练

1.针对同一个物体，从各种角度和方向进行布光，最终用相机进行拍摄，并将所得的照片进行比较。

2.按照第二节当中图标所列出的，共八种形体与材质的搭配关系，分别找对应的虚拟模型进行渲染表现练习。